노벨상을 꿈꿔라 6

2020 노벨 과학상 수상자와
연구 업적 파헤치기

노벨상을 꿈꿔라 6

1판 1쇄 발행 2021년 3월 2일

글쓴이	이충환 박응서 한세희
감수	조규봉
펴낸이	이경민

편집	이순아 이용혁
디자인	비스킷
펴낸곳	(주)동아엠앤비
출판등록	2014년 3월 28일(제25100-2014-000025호)
주소	(03737) 서울특별시 서대문구 충정로 35-17 인촌빌딩 1층
전화	(편집) 02-392-6903 (마케팅) 02-392-6900
팩스	02-392-6902
이메일	damnb0401@naver.com
SNS	📘 📷 blog

ISBN   979-11-6363-354-9 (43400)

※ 잘못된 책은 구입한 곳에서 바꿔 드립니다.
※ 책 가격은 뒤표지에 있습니다.
※ 이 책에 실린 사진은 셔터스톡, 위키피디아에서 제공받았습니다.
　그 밖의 제공처는 별도 표기했습니다.

동아엠앤비

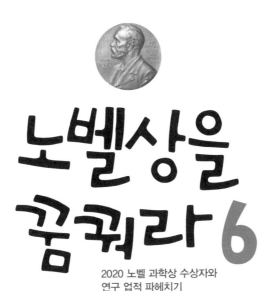

노벨상을 꿈꿔라 6

2020 노벨 과학상 수상자와
연구 업적 파헤치기

이충환 박응서 한세희 | 지음
조규봉 | 감수

동아엠앤비

들어가며

> **"**
>
> ## 인류의 숙제를 풀어가는 과학자들의 노력이
> ## 우리에게 희망과 따뜻한 위로를 주다.
>
> **"**

'나 자신이 살아남으리라고 기대하지 않았었다. 대지가 나를 내리눌렀기에 ㉗중략㉘ 가장 이른 봄의 차가운 빛 속에서 다시 자신을 여는 법을 기억해 내면서. 나는 지금 두려운가. 그렇다. 하지만 당신과 함께 다시 외친다. 좋아, 기쁨에 모험을 걸자! 새로운 세상의 살을 에는 바람 속에서'

영하의 강추위가 조금 지나간 어느 날, 여러분을 다시 만나게 된 반가움에 2020년 노벨 문학상을 수여한 루이즈 글릭의 '눈풀꽃'이란 시 몇 구절을 적어 보았습니다. 지금 이 순간 모두 두렵지만 함께 기쁨에 모험을 걸자는 희망찬 문구가 마음을 밝게 해주는 것 같습니다.

작년 한 해 우리는 코로나19로 인해 여러가지를 포기할 수 밖에 없었지만 과학계에서는 여전히 끊임없는 연구와 발견으로 그들의 공로를 치하하는 노벨상 수여가 있었어요. 예전과는 달리 정상적인 시상식을 거행하지는 못하고 TV중계를 통해 수상자들이 각각의 장소에서 상을 받는 모습을 보여주는 것으로 진행되었지요.

노벨상은 인류가 부단히 해결 방안을 찾아 직면한 어려운 도전에 대처하는 능력이 있다는 것을 증명해 왔다고 생각해요. 이런 노력이 우리를 격려해주고 미래의 희망을 가져다 주는 것이지요.

과학부문 노벨상에 대한 우리의 갈증은 매우 심한 편이에요. 이번에도 노벨화학상 분야에 한국 과학자가 유력 후보로 거론되기는 했으나 수상자 명단에 오르지는 못했지요. 노벨상은 권위만큼이나 심사가 까다로워 단기 성과만으로는 부족하고 보통 20~30년에 걸친 연구 업적을 바탕으로 수상자를 결정한다고 알려져 있어요. 기초 과학 연구에 대한 투자가 늦은 우리가 그동안 노벨상과 인연이 없었다는 것은 어쩌면 당연한 결과로도 여겨져요.

　　코로나19 시점을 지나고 있는 우리에게 과학자들의 이러한 연구와 노력은 너무나 따뜻한 위로를 준다고 생각해요.

　　미래에 언젠가 이 책을 읽고 있는 여러분 중의 한 사람이 노벨상의 주인공이 될 수 있기를 기대해 봅니다. 과학을 좋아하는 여러분 또한 인류에게 희망과 복지를 선사하는 주인공이 될 수 있어요. 이 책에 과학자들의 땀과 열정이 담겨 있습니다. 책을 읽는 동안 여러분의 상상력과 호기심을 맘껏 자극해보길 바랍니다.

2021년 어느 날

차례

2020 노벨상

2020년 12월 노벨 주간(Nobel Week)에 '우주'를 주제로 한 조명이 스웨덴 스톡홀름의 시청을 비추고 있다.
ⓒ노벨재단

인류의 삶과 지식의 지평을 넓힌 2020 노벨상

　매년 스웨덴 스톡홀름에서 열리던 노벨상 시상식이 2020년에는 신종 코로나바이러스 감염증-19(코로나 19) 때문에 취소됐습니다. 노벨상 시상식이 취소된 것은 제2차 세계대전이 한창이던 1944년 이래 처음이랍니다. 12월 10일 노벨재단은 스톡홀름 시내 콘서트홀에서의 노벨상 시상식을 취소하고 TV 중계로 시상을 대체했어요.

　이전에는 관례에 따라 노벨 물리학상, 화학상, 생리의학상, 문학상, 경제학상 수상자들은 스웨덴 국왕으로부터 메달과 상장을 받았습니다. 하지만 2020년에는 코로나 19 감염 확산을 막고자 수상자가 사는 각국 대사관이나 대학 등을 통해 상을 전달하고 이를 TV로 중계했답니다. 다만 노르웨이 노벨위원회가 선정하는 노벨 평화상은 시상식 규모를 줄여 별도로 개최했지요.

　2020년 노벨상 수상의 영광을 차지한 사람은 모두 11명이고, 기관은

노벨상은 어떻게 만들어졌을까?

스웨덴의 발명가이자 화학자인 알프레드 노벨의 유언에 따라 만들어진 것으로 세계에서 가장 권위 있는 상이에요. 다이너마이트를 발명해 많은 재산을 모은 노벨은 '남은 재산을 인류의 발전에 크게 공헌한 사람에게 상으로 주라'라는 내용의 유서를 남겼지요. 노벨의 유산을 기금으로 하여 1901년부터 물리학, 화학, 생리의학, 문학, 평화 다섯 부문에 대해 시상하다가 1969년부터 경제학상이 추가됐어요. 시상식은 노벨이 사망한 12월 10일에 열립니다. 상의 수준을 높여가려는 지속적인 노력이 지금의 노벨상을 있게 한 것이지요.

노벨상 메달.
ⓒ노벨위원회

2020년 노벨 화학상과 노벨 경제학상 증서. 노벨상 증서는 그해의 수상자 업적을 표현하는 하나의 예술 작품이다.
ⓒ노벨재단

1곳입니다. 물리학, 생리의학 분야 수상자가 각각 3명, 화학, 경제학 분야 수상자가 각각 2명, 문학상 수상자가 1명, 평화상 수상자가 1개 기관이었어요. 최근에는 과학상이나 경제학상에서 여러 명이 함께 받는 경우가 많은데, 한 분야에 최대 3명까지 가능하답니다. 또 훌륭한 업적을 남겼어도 이미 세상을 떠난 사람은 상을 받을 수 없고요.

수상자를 선정하는 곳은 분야별로 정해져 있어요. 물리학상과 화학상, 경제학상은 스웨덴 왕립과학아카데미, 생리의학상은 스웨덴 카롤린스카 의대 노벨위원회에서 각각 선정합니다. 문학상은 스웨덴 한림원, 평화상은 노르웨이 의회에서 지명한 위원 5명으로 구성된 노벨위원회에서 각각 정한답니다. 모든 수상자는 매년 10월 초에 발표하죠.

수상자들은 메달과 증서, 상금을 받아요. 메달은 분야마다 디자인이 조금씩 다르지만, 앞면에는 모두 노벨 얼굴이 새겨져 있어요. 증서는 상장으로 이는 단순한 상장이 아니라 그해의 주제나 수상자의 업적을 스웨덴과 노르웨이의 전문작가가 그림과 글씨로 표현한, 하나의 예술 작품이라 할 수 있어요.

상금은 매년 다를 수 있는데, 2020년 노벨상의 상금은 2019년보다 100만 스웨덴 크로나가 더 늘어난 1000만 스웨덴 크로나예요. 우리 돈으로 약 13억 원으로 공동 수상일 경우에는 선정기관에서 정한 기여도에 따라 수상자들이 나눠 갖습니다.

이제 2020년 노벨상의 특징을 알아보기로 해요. 가장 눈에 띄는 점은 여성 수상자가 무려 4명이나 나왔다는 사실이에요. 노벨 물리학상을 받은 미국 캘리포니아대 로스앤젤레스 캠퍼스(UCLA) 앤드리아 게즈 교수, 노벨 화학상을 공동 수상한 프랑스 태생의 독일 막스플랑크 병원체 연구소 에마뉘엘 샤르팡티에 소장과 미국 캘리포니아대 버클리 캠퍼스 제니퍼 다우드나 교수, 노벨 문학상을 받은 미국 시인 루이즈 글릭이 그 주인공들이었죠. 특히 노벨 과학상에서 최초로 여성 공동 수상자가 나왔고, 게즈 교수는 역대 네 번째 여성 물리학상 수상자가 됐어요. 또한 물리학상의 경우 2년 연속 천문 우주 분야에서 수상자가 나왔다는 점이에요. 2019년에 우주 진화의 비밀을 밝히고 외계 행성을 발견한 업적으로, 2020년에는 블랙홀 존재를 입증한 업적으로 상을 받았으니까요.

자, 그럼 2020년 노벨상 수상자들은 어떤 공로를 인정받아 선정되었는지 간단히 소개할게요.

2015년 스페인 오비에도에서 과학기술 연구 분야의 아스투리아 상을 받은 에마뉘엘 샤르팡티에 소장(왼쪽)과 제니퍼 다우드나 교수(오른쪽).
©FPA

노벨 문학상
미국 현대문학에서 가장 유명한 여류 시인
루이즈 글릭

2020년 노벨 문학상 수상자
루이즈 글릭 작가.
ⓒ노벨재단

노벨은 화학자, 발명가, 사업가로 유명하지만, 문학에도 관심이 많았습니다. 여러 나라 작가들의 시나 소설 등의 작품을 원작 그대로 즐겼고, 직접 시, 소설, 희곡을 쓰기도 했어요. 이렇게 노벨이 문학을 좋아했기 때문에 노벨상에 문학상이 포함된 것이랍니다.

2020년 노벨 문학상은 미국 시인이자 예일대 영문학과 교수인 루이즈 글릭이 받았어요. 글릭 교수는 노벨 문학상 수상자 가운데 16번째 여성 수상자이자 역대 두 번째 여성 시인이랍니다. 1943년 미국 뉴욕에서 태어난 그녀는 유태인 부모한테 어린 시절부터 그리스 신화를 듣고 자랐다고 해요. 1968년 첫 작품집 『맏이(Firstborn)』를 펴내며 문단에 등단한 뒤 총 13권의 작품집을 꾸준히 발표했어요. 우리나라에는 잘 알려지지 않았으나 미국 현대문학에서 가장 유명한 시인의 하나라는 평가를 받아 왔답니다.

글릭 교수의 작품 세계는 신화와 고전 작품에서 자극을 받았어요. 대표 시집 가운데 하나로 2006년에 발표된 『아베르노』는 그리스 신화에서 죽음의 신으로 지하세계를 다스리는 하데스에게 붙잡혀 지옥으로 떨어진 페르세포네 신화를 시각적으로 해석한 작품으로 유명해요. 1985년에 발표한 시집 『아킬레스의 승리』도 평단에서 찬사를 받았고요, 최근에 펴낸 시집인 『독실하고 고결한 밤』 역시 시각적으로 풀어낸 작품으로 전미 도서상을 받았답니다. 1993년 『야생 붓꽃(The Wild Iris)』으로 미국에서 가장 권위 있는 보도·문학·음악상인 퓰리처상을 받기도 했지요. 그녀의 성공 뒤에는 아픔도 있었어요. 고등학교 시절 거식증에 걸렸는데, 학교를 그만두고 7년간 치료에만 전념해야 할 정도였다고 해요. 그녀는 대학에 진학하는 대신에 세라 로런스 칼리지와 컬럼비아대에서 시 창작 과정을 수강하며 시를 공부했답니다. 정규 교육을 제대로 받지 못했지만, 그녀는 대학 강단에 섰고 미국 의회도서관에 자문도 했으며, 결국 노벨 문학상까지 받게 됐지요.

노벨 평화상
세계가 굶주림에서 벗어나는 데 공헌하다
유엔 세계식량계획 (UN WFP)

2020년 노벨 평화상은 유엔 세계식량계획(WFP)에 돌아갔다. 수상은 데이비드 비슬리 WFP 사무총장이 했다.
©노벨재단

　노벨은 수많은 사람을 죽일 수 있는 폭탄인 다이너마이트를 발명했지만, 생전에 평화 운동에도 관심이 있었어요. 이런 관심이 노벨 평화상의 탄생으로 이어졌답니다. 노벨 평화상은 그의 뜻에 따라 국가 간 친선, 상비군 폐지 또는 감축, 평화회의 설립과 증진을 위해 노력한 사람 또는 단체에 수여됐지요.

　2020년 노벨 평화상은 세계 기아 문제를 해결하고 분쟁 지역의 평화 유지에 공헌한 유엔 세계식량계획에 돌아갔어요. 이로써 평화상 수상 단체는 25곳으로 늘었어요. 단체가 평화상을 받은 경우는 총 28회로 국제적십자위원회(ICRC)가 3회, 유엔난민기구(UNHCR)가 2회 수상했어요. 유엔과 유럽연합(EU)도 평화상을 받은 적이 있답니다. 유엔 세계식량계획은 1963년부터 활동을 시작했으며, 2019년 한 해에만 전 세계 88개국 1억 명에 가까운 사람들에게 도움의 손길을 제공했어요. 노벨위원회는 세계식량계획이 기아와 식량안보를 책임지는 가장 큰 인도주의 기관이라며 코로나 19 백신이 나오기 전 혼란에 대응하는 최고의 백신은 식량이라고 밝혔어요. 또한 세계식량계획은 굶주림을 전쟁과 갈등의 무기로 이용하는 것을 막음으로써 분쟁 지역에서 평화의 조건을 만들어냈다는 평가도 받았답니다.

노벨 경제학상
자원을 효율적으로 배분하는 경매 이론을 제시하다
폴 밀그럼, 로버트 윌슨

2020년 노벨 경제학상을 받은 폴 밀그럼 교수(왼쪽)와 로버트 윌슨 교수(오른쪽).
ⓒ노벨미디어/Ken Opprann

경제학상은 노벨의 유서에 따라 만든 상이 아니라 1968년 스웨덴 중앙은행이 노벨을 기념하는 뜻에서 만든 상이에요. 1969년부터 시상을 시작했고, 상금은 스웨덴 중앙은행이 별도로 마련한 기금에서 지급해요. 2020년 노벨 경제학상은 통신주파수, 전기를 비롯한 자원을 효율적으로 배분할 수 있는 '경매 이론'을 고안한 2명이 수상했습니다. 미국 스탠퍼드대의 폴 밀그럼 교수와 로버트 윌슨 교수가 그 주인공이에요. 두 사람은 스승과 제자 사이랍니다. 경매는 온라인 거래부터 국가 간 협상까지 활용되고 있어 국가 경제에 큰 영향을 줄 수 있습니다. 경매는 가격이 정해지지 않은 상품을 거래하는 행위처럼 보이지만, 사실은 주어진 조건을 활용해 가장 알맞은 답을 찾는 과정이랍니다. 문제는 경매 방법이나 규칙과 달리 상품에 대한 정보가 불확실하다는 점이에요. 예를 들어 경매에 나온

● 추정치
● 평균 추정치
● 실제 가치

승자의 저주

맞다! 아니다?

기존 경매 방식에서는 구매자가 실제보다 비싼 가격에 상품을 사게 될 가능성이 크다. 이를 '승자의 저주'라고 한다.
ⓒ스웨덴 왕립과학원

가격

상품에 전문가만 알 수 있는 흠집이 있는 경우 이 사실을 모르는 사람은 상품의 가치를 실제보다 높이 평가해 손해를 볼 가능성이 큽니다. 이를 '승자의 저주'라고 하죠.

두 사람은 기존 경매 방식에서 판매자와 구매자가 보유한 정보가 달라서 발생하는 문제를 해결하기 위해 여러 단계의 입찰 과정을 도입한 새로운 경매 방법을 고안했습니다. 1994년 미국 연방통신위원회(FCC)가 이동통신 주파수 배분에 이들의 이론을 적용한 '동시 다중 라운드 경매' 방식을 처음 도입했어요. 다수의 참가자가 여러 지역의 주파수 대역에 수차례 입찰하면서 '승자의 저주' 없이 효율적으로 주파수가 할당될 수 있도록 했답니다. 우리나라에서는 2018년 5G 주파수 경매에 이 방법이 활용됐죠. 이 방식은 주파수뿐만 아니라 전기, 천연가스, 이산화탄소 배출권처럼 기존 방식으로 팔기 어려운 상품이나 서비스의 경매에 널리 쓰이고 있어요.

노벨 과학상은 물리학, 화학, 생리의학이라는 세 분야로 나눠집니다. 2020년 노벨 과학상은 모두 8명이 수상했답니다. 1901년 제1회 노벨상 이후 지금까지 전쟁 등으로 인해 시상하지 못했던 몇몇 해를 거쳐, 2020년에 노벨 물리학상은 114번째, 화학상은 112번째, 생리의학상은 111번째로 시상됐어요. 자, 이제 2020년 노벨 과학상 수상자들의 연구 내용을 간단히 소개할게요.

노벨 물리학상
블랙홀의 존재를 밝히다

2020년 노벨 물리학상 증서를 손에 든 로저 펜로즈 교수. 증서에는 까만 블랙홀이 그려져 있다.
ⓒ노벨재단

물리학상은 블랙홀의 존재를 확인하며 우주의 비밀을 한 꺼풀 벗겨낸 과학자 3명에게 돌아갔어요. 영국 옥스퍼드대의 로저 펜로즈 교수, 독일 막스플랑크 외계물리학연구소의 라인하르트 겐첼 소장, 미국 캘리포니아대 로스앤젤레스 캠퍼스 앤드리아 게즈 교수가 그 주인공이랍니다.

블랙홀은 빛조차 빨아들이는 '우주 괴물' 천체로 유명하죠. 아인슈타인은 1916년 일반상대성이론을 발표했지만, 블랙홀의 존재는 믿지 않았답니다. 펜로즈 교수는 1965년 일반상대성이론을 바탕으로 공간에 모든 것을 빨아들이는 점(특이점)이 수학적으로 존재할 수 있다는 사실을 증명했어요. 이것이 바로 블랙홀이 존재함을 뜻한 것이죠. 펜로즈 교수는 우주에서 블랙홀이 형성될 수 있음을 이론적으로 증명해 일반상대성이론을 검증했다는 평가를 받았습니다.

겐첼 소장과 게즈 교수는 1990년대 중반부터 우리 은하 중심에 있을 것이라 예상되는 거대질량 블랙홀을 연구해 왔어요. 거대질량 블랙홀 주위의 별들이 일반 상대성이론의 예측대로 궤도를 그리며 돌고 있다는 사실을 최초로 관측해 학계의 주목을 받았답니다. 그동안 이론적으로만 존재 가능성이 제기됐던 블랙홀이 처음으로 관측된 것이죠. 두 사람의 관측 덕분에 우리 은하 중심에 엄청나게 무거운 별, 즉 거대질량 블랙홀이 존재하고 있음이 처음 확인됐어요.

2020년 노벨 물리학상은 세 사람에게 수여됐지만, 상금은 펜로즈 교수에게 50%, 겐첼 소장과 게즈 교수에게 나머지 50%가 주어졌다고 해요. 블랙홀의 존재를 밝힌 이론과 관측 성과로 기여도를 나눈 것이죠.

노벨 화학상
DNA 교정하는 도구를 만들다

화학상은 DNA를 마음대로 잘랐다가 붙이는 크리스퍼 유전자 가위를 개발한 여성 과학자 2명에게 돌아갔어요. 독일 막스플랑크 병원체연구소의 에마뉘엘 샤르팡티에 소장(프랑스 태생)과 미국 캘리포니아대 버클리 캠퍼스의 제니퍼 다우드나 교수가 그 주인공이랍니다. 유전자 가위란 특

2020년 노벨 화학상 수상자 독일 막스플랑크 병원체연구소 에마뉘엘 샤르팡티에 소장이 실험실 구성원과 함께 실험 결과를 검토하고 있다.
ⓒHallbauer und Fioretti

정 DNA만 선택해 잘라내는 '분자 기계'라고 할 수 있어요. 특정 부위를 잘라내는 데 활용되는 효소의 종류에 따라 1세대 징크 핑거 뉴클레아제, 2세대 탈렌, 3세대 크리스퍼 유전자 가위로 구분된답니다. 크리스퍼 유전자 가위는 1세대, 2세대 유전자 가위와 달리 길

잡이 역할을 하는 RNA가 절단 효소와 결합해 DNA로 이끌어요. 2011년 샤르팡티에 소장이 크리스퍼 유전자 가위 개념을 개발했고, 이후 RNA의 대가인 다우드나 교수와 함께 연구하여 '카스9(**Cas9**)'를 절단 효소로 쓰는 크리스퍼 유전자 가위, 즉 '크리스퍼-카스9'를 개발했지요.

크리스퍼 유전자 가위는 기존 유전자 가위와 비교해 간편하고 정교하다는 것이 장점이랍니다. 이 때문에 크리스퍼 유전자 가위는 인류를 질병의 공포에서 해방하고 새로운 농업혁명까지 가져올 것으로 기대되고 있어요. 노벨위원회에서도 이 기술을 이용해 동식물과 미생물의 DNA를 매우 정교하게 변형할 수 있게 됐으며, 새로운 암 치료법 개발과 유전병 치료의 꿈을 현실화하는 데 공헌했다고 평가했답니다.

실제로 중국 연구진은 크리스퍼 유전자 가위로 에이즈 바이러스 감염을 차단하는 데 성공했으며, 미국 펜실베이니아대 연구진은 같은 방법으로 혈액암을 치료했다고 해요. 농작물 자체의 유전자를 교정해 병충해나 가뭄에 강한 품종을 만들거나 근육량을 늘린 소를 탄생시키기도 했답니다.

노벨 생리의학상
C형 간염 바이러스를 발견하다

생리의학상은 C형 간염 바이러스(**HCV**)를 발견한 3명의 과학자에게 돌아갔습니다. 미국 국립보건원(**NIH**) 하비 올터 부소장, 캐나다 앨버타대 마이클 호턴 교수, 미국 록펠러대 찰스 라이스 교수가 그 주인공이지요. 노벨위원회는 세 사람이 전 세계 사람들의 간경변증과 간암을 일으키는 핵심 원인인 혈액 매개 간염을 퇴치하는 데 결정적 공헌을 했다고

평가했어요.

　1940년대부터 수혈을 받은 사람들이 간염에 걸리는 사례가 알려져 있었어요. 1965년 미국의 바루크 블럼버그 박사가 B형 간염 바이러스를 발견하면서 수혈 매개 간염의 상당수가 바로 B형 간염 바이러스에 의해 유발된다는 사실이 밝혀졌답니다. 이 공로로 블럼버그 박사는 1976년 노벨 생리의학상을 받았어요. 1973년에는 A형 간염 바이러스도 발견됐지만 그 이후에도 종종 수혈 매개 간염이 발생하곤 했지요.

2020년 노벨 생리의학상 수상자 미국 록펠러대 찰스 라이스 교수가 대학 실험실에서 학생을 지도하고 있다.
ⓒ록펠러 대학

　1970년대 중반 미국 국립보건원 수혈의학과에 근무하던 올터 부소장은 A형도 아니고 B형도 아닌 미지의 바이러스가 일으키는 수혈 매개 간염에 주목했답니다. 미지의 바이러스는 쉽게 존재를 드러내지 않았는데, 올터 부소장은 일단 이 바이러스에 의해 감염된 환자들의 혈액 샘플을 수집해 냉동 보관했어요.

　1980년대 후반 호턴 교수는 미국 캘리포니아주에 있는 회사 '카이론(Chiron)'에서 이 바이러스를 찾는 연구를 했어요. 당시 최첨단 기법이었던 분자생물학 기법을 적용해 바이러스 유전자를 탐색한 끝에 C형 간염 바이러스를 발견하는 데 성공했답니다. 특이하게도 바이러스를 실험실에서 증식시키지 못한 상태에서 유전자를 먼저 발견했어요. 이후 미국 세인트루이스 워싱턴대에 있던 라이스 교수가 C형 간염 바이러스의 RNA 유전자를 침팬지의 간에 주사해 간염을 일으켰어요. 이 동물실험으로 C형 간염 바이러스가 A형도 아니고 B형도 아닌 간염을 일으키는 원인 바이러스임을 입증한 것이죠.

2020 노벨상 수상자 한눈에 보기

구분	수상자	업적
물리학상	로저 펜로즈	• 우주에서 블랙홀이 형성될 수 있음을 이론적으로 증명
	라인하르트 겐첼　앤드리아 게즈	• 우리 은하 중심의 거대질량 블랙홀 존재를 처음 관측
화학상	에마뉘엘 샤르팡티에　제니퍼 다우드나	• 크리스퍼 유전자 가위 개발
생리의학상	하비 올터　마이클 호턴　찰스 라이스	• C형 간염 바이러스 발견
문학상	루이즈 글릭	• 꾸밈없는 아름다움을 갖춘 확고한 시적 목소리로 개인의 실존을 보편적으로 나타냄
평화상	WFP 유엔 세계식량계획(WFP)	• 세계 기아 문제를 해결하고 분쟁 지역의 평화 유지에 기여함
경제학상	폴 밀그럼　로버트 윌슨	• 새로운 경매 이론을 제시해 전 세계 판매자, 구매자, 납세자에게 혜택을 줌

악어에게 헬륨 가스를 먹이면 어떤 목소리가 나올까요? 살아 있는 지렁이에게 고주파를 가하면 어떻게 될까요? 자기 자신을 사랑하거나 훌륭하다고 여기는 사람은 얼굴에서 어떤 부위를 눈여겨보면 알 수 있을까요? 이처럼 다소 엉뚱해 보이는 궁금증의 답을 찾기 위해 연구한 과학자들이 2020년 30회 '이그노벨상'을 받았답니다.

2020년 이그노벨상 시상식. 코로나 19 때문에 온라인으로 생중계됐다.
©mprobable.com

'괴짜 노벨상'이라 불리는 이그노벨상은 미국 하버드대의 과학 유머 잡지 《황당무계 연구 연보(Annals of Improbable Research)》의 편집부와 기자, 과학자, 의사 등으로 구성된 위원회가 매년 전 세계에서 추천받은 연구 가운데 가장 기발한 연구를 선별해 수여해요. 이 상은 재미있고 황당할 수도 있는 연구를 소개해, 어렵게만 느껴지는 과학에 관심을 많이 가지길 바라는 마음도 있다고 해요.

시상식은 미국 하버드대의 샌더스 극장에서 매년 9월에 열리지만, 2020년에는 코로나 19로 인해 온라인으로만 생중계됐어요. 진짜 노벨상 수상자들이 시상자로 참석하기도 하는데, 이번에는 영국 맨체스터대의 안드레이 가임 교수가 온라인 시상에 참여해 행사를 빛냈어요. 가임 교수는 2010년 그래핀을 발견한 공로로 노벨 물리학상을 받았고, 2000년엔 개구리를 공중 부양시킨 연구로 이그노벨상도 받은 바 있어요.

시상 분야는 물리학, 화학, 생물학, 문학, 경제학을 포함해 모두 10개인데, 그 해 추천받은 연구에 따라 해마다 조금씩 바뀝니다. 2020년 30회 이그노벨상은 물리학, 심리학, 음향학, 경제학 등 10개 분야에서 수상자를 발표했어요.

자, 그럼 2020년 이그노벨상 수상자들의 기발한 연구 내용을 한번 살펴볼까요? 참, 잊지 마세요. 이그노벨상 수상자들은 각 분야에서 실제 진지한 연구를 하는 학자들이라는 사실을요.

음향학상
악어가 헬륨 가스를 마시면?

헬륨 가스를 마시면 누구나 '오리 소리'를 내지요. 소리가 전달되는 속도가 일반 공기에 비해 빨라져 높은 소리가 나오기 때문이죠. 만약 악어가 헬륨 가스를 마시면 어떤 소리를 낼까요?

2020년 음향학 부문 이그노벨상을 받은 스웨덴 룬트대의 스테판 레베르 박사 연구진은 암컷 중국 악어를 헬륨 가스가 채워진 탱크에 넣고 우렁차게 울게 만드는 실험을 했답니다. 이 연구결과는 2015년 《실험생물학 저널》에 실렸어요.

레베르 박사는 악어와 같은 파충류가 자신의 목소리를 통해 자신의 몸집을 과시한다는 사실을 보여주고자 이 실험을 고안했다고 해요. 몸집이 크면 공기가 진동할 공간도 커지기 때문에 목소리가 낮아지는데, 실제로 파충류가 발성 시 공명을 이용하는지 여부는 그동안 확인된 바가 없었거든요. 연구진은 악어를 실험실 탱크에 넣은 뒤 한 번은 일반 공기(Ambient air)를, 다른 한 번은 산소와 헬륨의 혼합 기체(Heliox)를 채웠어요. 이 실험 결과, 악어의 목소리 주파수를 분석해 악어의 몸집 크기가 실제로 소리의 공명과 연관된다는 사실을 입증했답니다. 즉 헬륨을 채운 탱크에서 악어 목소리의 고에너지 주파수 대역이 더 높아졌다는 것을 발견했어요. 이는 파충류가 성대의 진동으로 소리를 생성한다

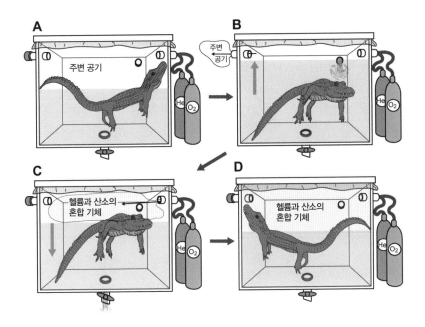

연구진은 악어를 일반 공기와 물로 찬 실험실 탱크에 넣고 울부짖게 한 뒤(A), 물의 높이를
높이며 일반 공기를 빼냈다(B). 다시 물의 높이를 낮추며 헬륨과 산소를 혼합한 기체를 채운 뒤(C),
이 혼합 기체 속에서 악어를 울부짖게 했다(D).
ⓒ실험생물학 저널

는 최초의 증거라고 할 수 있지요. 음향학상 시상자로는 이그노벨상과
노벨 물리학상을 모두 받은 '슈퍼스타' 가임 교수가 나섰어요.

물리학상

살아 있는 지렁이에 고주파를 가하면?

비가 온 뒤에 땅 위를 기어가는 지렁이를 본 적이 있나요? 꿈틀꿈틀
자유자재로 움직이지요. 지렁이는 액체로 채워진 체강, 즉 잘 늘어나고
유연한 피부에 많은 마디로 이뤄진 골격을 갖고 있기 때문이에요.

만일 살아 있는 지렁이에 고주파를 가한다면, 어떤 움직임을 보일까

요? 호주 스윈번공대의 이반 마크 시모프 박사 연구진은 지렁이에 고주파를 가하면 지렁이의 몸이 어떤 파형으로 움직이는지 알아보는 연구를 해 2020년 물리학 부문 이그노벨상을 받았어요. 연구진은 지렁이가 몸을 움직일 때 수면 위에 생기는 파형과 비슷한 방식을 이용한다는 사실을 밝혀냈답니다. 이 연구 성과는 2020년 「사이언티픽 리포트」 5월 22일 자에 논문으로 발표됐다고 해요.

심리학상
자기애가 강한 사람의 눈썹은 어떨까?

그리스 신화에는 자기 자신에게 빠진 나르키소스라는 미소년이 나오지요. 나르키소스는 호수에 비친 자기 모습을 사랑하며 그리워하다가 결국 물에 빠져 죽었고 그 뒤 수선화가 됐다고 해요. 이 신화에서 유래한 나르시시즘은 자기 자신에게 애착하는 일, 즉 자기애를 뜻합니다. 자기애가 강한 사람을 나르시시스트라고 하고요.

2020년 심리학 부문 이그노벨상은 눈썹을 검사해 나르시시스트를 식별하는 방법을 고안한 캐나다 토론토대의 미란다 지아코민 박사와 니콜라스 룰 박사가 받았어요. 두 사람은 눈썹을 올리는 방식을 조사해 자기애가 강한 사람을 구별할 수 있다는 사실을 밝혀냈답니다. 특히 눈썹이 진할수록 자기애가 강하다는 결론을 내렸어요. 이 연구결과는 2018년 《성격 저널(Journal of Personality)》에 발표됐어요.

온라인으로 진행된 시상식에서 룰 박사는 이그노벨상의 부상으로 주어지는 10조 짐바브웨 달러 지폐를 자신의 눈썹 위에 붙이고 수상 소감을 말해 웃음을 자아내기도 했어요. 짐바브웨 달러는 가치가 엄청나게 떨어져 지금은 공식적 사용이 중지된 화폐랍니다. 룰 박사는 그동안 사람들이 얼굴을 살펴보고 나르시시스트인지 판단했는데, 그 판단에서 눈썹이 결정적 요소라는 사실을 확인한 것이라고 설명했어요.

이탈리아 화가 카라바조가 그린 '나르키소스'. 그리스 신화에서 나르키소스는 물에 비친 자기 모습을 보고 자신의 매력에 빠진다. 이 신화에서 유래한 것이 나르시시즘, 즉 자기애다.

경제학상
소득이 키스 횟수에 미치는 영향은?

2020년 경제학 부문의 이그노벨상은 국가별 키스 횟수와 소득 불균형 사이의 연관 관계를 정략적으로 분석한 스코틀랜드 애버테이대의 크리스토퍼 와트킨스 박사 연구진이 받았어요. 연구진은 13개 국가에서 약 3000명을 대상으로 소득이 키스 횟수에 미치는 영향에 관해 설문 조사한 결과를 2019년 「사이언티픽 리포트」 4월 30일 자에 발표했답니다.

연구진은 소득 수준이 높을수록 키스를 자주 한다는 사실을 알아냈어요. 특히 키스는 포옹이나 섹스보다 소득과의 상관관계가 5배 더 높은 것으로 나타났다고 해요.

온라인 시상식에서 와트킨스 박사는 키스가 병원체 감염이란 관점에서 국민 보건과도 관련 있다면서 13개국 조사에 도움을 준 모든 사람에게 감사한다고 수상 소감을 밝혔답니다.

곤충학상
곤충학자들은 왜 거미를 두려워할까?

전 동물의 4분의 3을 차지하는 것은 무엇일까요? 바로 곤충이랍니다. 곤충은 지구상에 약 80만 종이 분포한다고 해요. 머리에 한 쌍의 더듬이와 겹눈이 있고 가슴에 두 쌍의 날개와 세 쌍의 다리가 있는 게 특징이지요. 이런 곤충을 연구하는 학자들이 유독 거미를 몹시 두려워한답니다. 사실 거미는 분류학적으로 보면 곤충에 속하지 않지요.

미국 캘리포니아대 리버사이드 캠퍼스 소속 곤충학자였다가 지금은 은퇴한 리처드 베터 박사가 2020년 곤충학 부문 이그노벨상을 받았어요. 베터 박사가 곤충학자들을 대상으로 설문 조사를 해 곤충학자들이 거미를 두려워한다는 증거를 수집한 덕분이죠. 특히 곤충보다 2개가 더 있는 다리와 많은 털이 곤충학자들의 거미 공포증에 큰 영향을 미친다고 하네요. 한편 2020년 이그노벨상의 주제는 곤충이었어요. 이 때문에 모든 수상자는 종이 상장, 10조 짐바브웨 달러와 함께 곤충을 인쇄한 대형 종이 주사위도 받았어요.

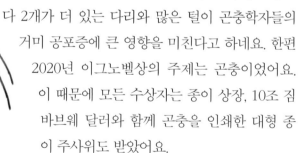

재료 과학상

배설물을 얼려서 만든 칼은 잘 들지 않는다?

"정착촌으로 이동하는 것을 거부한 이누이트 노인에 대한 잘 알려진 이야기가 있어요. 그는 가족의 반대를 무릅쓰고 얼음 위에 머물 계획을 세웠답니다. 가족들이 그의 모든 도구를 가져가 버렸기 때문에 그는 겨울 강풍이 한창일 때 이글루에서 나와 대변을 본 뒤 배설물을 빻고 갈아서 칼로 만들었어요. 그는 이 칼로 개 한 마리를 죽인 뒤 갈비뼈로 썰매를 만들었고, 다른 개가 이끄는 썰매를 타고 어둠 속으로 사라졌어요."
이 내용은 1998년 캐나다의 인류학자 웨이드 데이비스가 쓴 책『태양의 그림자(Shadows in the Sun)』에서 가장 유명한 민속지학적 이야기라고 소개한 것입니다.

2020년 재료과학 부문 이그노벨상을 받은 미국 캔트주립대의 메틴

에렌 박사 연구진은 이누이트가 자신의 배설물을 얼려서 칼을 만들어 사용했다는 내용을 접하고 이를 직접 실험했어요. 실험 결과 인간의 배설물을 얼려서 만든 칼은 잘 들지 않고 고기를 전혀 자르지 못한다는 사실을 밝혀냈답니다. 이 연구결과는 2019년 ≪고고학 저널: 리포트≫ 10월호에 발표됐어요.

　이 외에도 다른 사람이 무언가를 씹는 소리에 고통받는 미소포니아 (청각과민증)에 대해 연구한 네덜란드 암스테르담대 연구진이 의학상을 받았고, 코로나 19 창궐과 같은 바이러스 대유행에 정치인들의 역할을 비꼬는 의미로 미국 도널드 트럼프 대통령을 비롯한 9개국 정치 지도자

가 의학 교육상을 수상했어요. 또 중국 광시성에서 살인 요청을 서로에게 잇달아 떠넘기며 돈을 가로챈 살인 청부업자 5명(**실제 살인은 일어나지 않음**)이 경영상을 받았고, 2020년 6월 간첩 활동을 이유로 외교관을 쫓아낸 인도 정부와 갈등 관계에 있는 파키스탄 정부가 평화상을 수상했답니다.

확인하기

 지금까지 2020년 각 분야 노벨상 수상자들의 업적과 이그노벨상 수상자들의 연구 내용을 간단히 살펴봤어요. 특별히 어떤 내용, 어떤 수상자가 기억에 남나요? 아래 퀴즈를 풀면서 2020년 노벨상을 다시 정리해봐요.

01 다음 중 노벨상이 수여되지 않는 분야는 무엇일까요?
　　① 물리학
　　② 경제학
　　③ 문학
　　④ 수학

02 2020년 노벨 문학상은 미국 시인 루이즈 글릭이 받았습니다. 다음 중 이 작가의 작품이 아닌 것은 무엇일까요?
　　① 맏이(Firstborn)
　　② 풀잎
　　③ 야생 붓꽃
　　④ 아킬레스의 승리

03 2020년 노벨상 수상자 중에는 4명의 여성 수상자가 나왔습니다. 다음 중 여성 수상자가 나오지 않은 분야의 상은 무엇일까요?
　　① 물리학상
　　② 화학상
　　③ 생리의학상
　　④ 문학상

04 2020년 노벨 평화상은 유엔 세계식량계획(WFP)이란 기관이 수상했습니다. 다음 중 노벨 평화상을 가장 많이 받은 기관은 어디일까요?
① 국제적십자위원회(ICRC)
② 유엔난민기구(UNHCR)
③ 유엔
④ 유럽연합(EU)

05 2020년 경제학상을 받은 두 사람은 통신주파수, 전기를 비롯한 자원을 효율적으로 배분할 수 있는 '○○ 이론'을 고안했어요. ○○은 무엇일까요?
(   )

06 2020년 노벨 물리학상을 받은 로저 펜로즈는 일반상대성이론을 바탕으로 공간에 모든 것을 빨아들이는 점이 수학적으로 존재할 수 있다는 사실을 증명했어요. 이 점을 무엇이라고 할까요?
① 특이점
② 맹점
③ 복사점
④ 근일점

07 라인하르트 겐첼과 앤드리아 게즈는 우리 은하 중심에서 거대질량 블랙홀의 존재를 확인했어요. 어떤 천체를 관측해 블랙홀을 확인했을까요?
① 행성
② 소행성
③ 혜성
④ 항성

08 2020년 노벨 화학상을 받은 에마뉘엘 샤르팡티에와 제니퍼 다우드나는 크리스퍼 유전자 가위를 개발했어요. 이 유전자 가위는 몇 세대일까요?
   ① 1세대
   ② 2세대
   ③ 3세대
   ④ 4세대

09 하비 올터, 마이클 호턴, 찰스 라이스는 간염 바이러스를 발견해 2020년 생리의학상을 받았어요. 어떤 간염 바이러스일까요?
   ① A형
   ② B형
   ③ C형
   ④ D형

10 2020년 심리학 부문 이그노벨상은 자기애가 강한 사람을 식별하는 방법을 고안한 캐나다 토론토대의 미란다 지아코민 박사와 니콜라스 룰 박사가 받았어요. 두 사람은 신체의 어떤 부분을 검사했을까요?
   ① 눈썹
   ② 입술
   ③ 코
   ④ 손가락

정답

1 ④
2 ②
3 ③
4 ①
5 장애
6 ①
7 ④
8 ③
9 ③
10 ①

2020 노벨 물리학상

2020 노벨 물리학상, 수상자 세 명을 소개합니다!
몸풀기! 사전 지식 깨치기
본격! 수상자들의 업적
확인하기

"FOR THE GREATEST
BENEFIT TO HUMANKIND"

ALFRED NOBEL

©노벨미디어/Nanaka Adachi

2020 노벨 물리학상, 수상자 세 명을 소개합니다!

— 로저 펜로즈, 라인하르트 겐첼, 앤드리아 게즈

2020 노벨 물리학상은 블랙홀의 존재를 밝혀낸 과학자 3명에게 돌아갔습니다. 놀랍게도, 무엇이든 빨아들이는 '괴물 천체' 블랙홀에 관한 연구로 노벨상을 받은 것은 이번이 처음이랍니다.

먼저 영국 옥스퍼드대의 로저 펜로즈 교수는 블랙홀이 일반상대성이론에서 자연스럽게 나오는 결과라는 사실을 이론적으로 증명한 공로로 수상했어요. 펜로즈 교수는 블랙홀의 몇 가지 특징도 밝혀냈어요. 즉 그중 하나는 블랙홀의 중심에 '특이점(singularity)'이 숨어 있으며, 그 주변에서는 우리가 흔히 알고 있는 자연계의 물리법칙이 성립하지 않는다는 것이에요. 독일 막스플랑크 외계물리학연구소 라인하르트 겐첼 소장과 미국 캘리포니아대 로스앤젤레스 캠퍼스 앤드리아 게즈 교수는 보이지 않는 매우 무거운 천체가 우리 은하 중심에서 별들의 궤도에 관여한다는 사실을 발견한 공로를 인정받았어요. 쉽게 말하면 우리 은하 중심 주변 별들의 움직임을 관측해 중심에 거대질량 블랙홀이 있다는 사실을 발견했다는 뜻이죠. 결국 2020 노벨 물리학상은 블랙홀의 존재를 밝혀냄으로써 아인슈타인의 일반상대성이론을 다시 한번 입증한 과학자들에게 수여된 셈이랍니다.

몸풀기! 사전지식 깨치기

블랙홀은 모르는 사람이 거의 없을 정도로 유명한 '스타'랍니다. 영

"

블랙홀의 존재를 밝히다

"

로저 펜로즈
· 1931년 영국 콜체스터 출생.
· 1958년 영국 케임브리지대에서 박사 학위 받음.
· 1973년~ 영국 옥스퍼드대 라우스 볼 수학 교수(Rouse Ball
Professor of Mathematics).

라인하르트 겐첼
· 1952년 독일 바트홈부르크포어데어회에 출생.
· 1978년 독일 본대학교에서 박사 학위 받음.
· 1986년~ 독일 막스플랑크 외계물리학연구소장.
· 1999년~ 미국 캘리포니아대 로스앤젤레스 캠퍼스 교수.

앤드리아 게즈
· 1965년 미국 뉴욕 출생.
· 1992년 미국 캘리포니아공대에서 박사 학위 받음.
· 1994년~ 미국 캘리포니아대 로스앤젤레스 캠퍼스 교수.

화나 소설에 등장하기도 하며 우리의 호기심과 상상력을 매우 자극하니까요. 블랙홀은 주변의 물질은 물론이고 빛조차 빨아들이는 '우주의 진공청소기'라 할 수 있지요. 일부에서는 블랙홀을 통해 시간을 거슬러 여행하는 방법도 진지하게 연구되고 있답니다.

과연 이런 천체가 우주에 존재할까요? 천재 과학자 아인슈타인조차 블랙홀의 존재를 믿지 않았을 정도로 블랙홀은 수수께끼투성이었죠. 흥미롭게도 2020년 노벨 물리학상 수상자 중 한 명인 로저 펜로즈 교수가 아인슈타인의 일반상대성이론이 블랙홀 형성을 이끈다는 사실을 밝혔어요. 그리고 나머지 수상자인 라인하르트 겐첼 소장과 앤드리아 게즈 교수는 우리 은하 중심에 있는 거대질량 블랙홀의 존재를 관측으로 확인했고요. 자, 이제 이들의 업적을 이해하기에 앞서 필요한 지식을 살펴볼까요.

블랙홀은 왜 검을까?

먼저 블랙홀 얘기부터 해보겠습니다. 1960년대 이전에는 블랙홀이 '얼어붙은 별', '붕괴된 별' 등의 괴상한 이름으로 불렸답니다. 블랙홀이란 그럴싸한 이름은 1969년 미국의 물리학자 존 휠러가 처음 붙인 것이죠. 블랙홀(**black hole**)이란 영어 이름을 번역하면 '검은 구멍'이에요. 블랙홀은 왜 검을까요? 또 블랙홀은 왜 구멍일까요? 하나씩 알아보겠습니다.

블랙홀은 모든 물질뿐 아니라 빛조차도 빨아들인다고 했죠. 이곳에서는 빛조차 빠져나올 수 없어요. 빛이 탈출할 수 없다면 그 별은 검게 보일 겁니다.

빛은 1초에 약 30만 킬로미터라는 엄청난 속도로 달리는데, 이 빛이

블랙홀이 주변
물질을 빨아들이는
상상도.
© NASA

탈출할 수 없다니 무슨 뜻일까요?

　여러분이 하늘 높이 야구공을 던진다고 생각해 보세요. 아무리 세게 던져도 그 공은 하늘로 향했다가 땅으로 떨어질 겁니다. 강속구를 던지는 선수라고 해도 공이 다시 땅으로 떨어지는 걸 피할 수는 없죠. 그럼 얼마나 빠르게 던져야 땅으로 떨어지지 않을까요? 야구공이 지구를 탈출하려면 1초에 11.2 킬로미터는 움직여야 해요. 이런 속도를 '탈출 속도'라고 합니다. 지구 탈출 속도는 시속 150 킬로미터의 강속구보다 무려 270배나 빠른 속도랍니다.

　탈출 속도는 천체의 중력이 강할수록 커진답니다. 탈출 속도는 중력의 잣대인 셈이죠. 만유인력의 법칙에 따라 천체의 질량이 무거우면 중력도 강해지기에 천체가 무거울수록 탈출 속도도 커져요. 당연히 지구보다 가벼운 달에서의 탈출 속도는 지구 탈출 속도보다 느리죠. 1초에 2.4 킬로미터를 움직이는 속도랍니다. 실제로 미국의 달 탐사선 아폴로가 달을 떠나 지구로 향하는 데 그리 큰 힘이 들지 않았다고 해요.

반대로 지구보다 무거운, 즉 지구보다 중력이 강한 태양에서의 탈출 속도는 지구 탈출 속도보다 더 빠르겠죠. 태양 탈출 속도는 무려 초속 613 킬로미터랍니다. 태양보다 중력이 더 강한 천체가 있다면 그 천체의 탈출 속도가 태양 탈출 속도보다 더 빠를 겁니다. 그럼 탈출 속도가 빛의 속도만큼 빠를 수도 있겠네요. 바로 블랙홀이죠. 블랙홀은 탈출 속도가 빛의 속도에 이를 정도로 중력이 엄청나게 강한 천체라는 뜻입니다. 블랙홀은 빛이 탈출하지 못하니 검게 보이겠죠.

중력이 '휘어진 시공간'이라고?!

흥미롭게도 빛이 탈출하지 못해 검은 천체에 대한 아이디어는 18세기 후반 영국에서 나왔답니다. 1783년 영국 케임브리지대의 존 미첼 교수가 런던 왕립학회에 논문 한 편을 발표했어요. 이 논문에서 미첼 교수는 탈출 속도가 빛의 속도보다 커서 우리가 볼 수 없는 천체가 우주에 존재할지 모른다고 제안했던 것이죠.

미첼 교수는 태양보다 500배나 더 큰 천체를 상상했어요. 구체적으로 밀도는 태양과 같지만, 부피가 태양보다 500배나 커서 질량이 태양보다 500배나 더 무거운 천체를 말이죠. 놀랍게도 이 천체에서 탈출하려면 빛의 속도만큼 빨라야 한답니다. 물론 이 천체의 질량이 더 무거워진다면 탈출 속도는 빛의 속도보다 더 커질 거에요. 따라서 이렇게 무거운 천체에서는 빛조차 빠져나오지 못하는 셈이죠. 우리는 이 천체를 볼 수 없어요. 다시 말해 우주 공간에서 검은 천체로 보이는 것이죠.

그런데 꼼꼼히 따져보면 미첼 교수가 상상한 검은 천체는 우리가 아는 블랙홀과는 많이 달라요. 미첼 교수의 검은 천체는 크기가 태양보다

1915년 아인슈타인은 블랙홀을 이해하는 기반이 되는 일반상대성이론을 발표했다.
ⓒ위키피디아

훨씬 더 크지만, 블랙홀은 거의 텅 빈 공간으로 이뤄져 있기 때문이죠. 사실 블랙홀은 특이점이라 불리는 특별한 구멍이랍니다. 이제 검은 구멍이라는 뜻의 블랙홀에서 구멍이 무엇인지 구체적으로 알아보죠.

블랙홀의 특이점이란 구멍을 이해하기 위해서는 1915년 아인슈타인이 발표한 일반상대성이론의 도움을 받아야 합니다. 일반상대성이론은 중력(**만유인력**)이라는 힘을 시공간과 연결하는 새로운 해석을 담고 있어요. 시공간은 시간과 공간을 함께 이르는 말인데요, 보통 3차원 공간에 시간을 더한 4차원 세계를 뜻해요.

우주에 있는 모든 물체에는 만유인력이 작용합니다. 중력 덕분에 우리는 지구라는 땅덩어리에 서 있을 수 있으며, 달은 지구 주위를 돌고 지구는 태양 주위를 돌고, 태양은 우리 은하 중심 주위를 돌 수 있지요. 중력으로는 우주 공간에 있는 가스와 먼지로 이뤄진 성간구름에서 별이 어떻게 탄생하고 죽음에 이르는지도 설명할 수 있어요.

뉴턴은 나무에서 떨어지는 사과를 보고 만유인력을 깨달았다는 일화로 유명하죠. 뉴턴은 중력이란 질량을 가진 물체 사이에 서로 끌어당기는 힘이라고 말했고, 아인슈타인은 뉴턴과 달리 중력을 '시공간의 휘어진 상태'라고 조금 다른 관점으로 해석했지요. 비유하자면 질량을 가진 천체는 마치 쇠공이 놓여 있는 고무판 주위를 움푹 들어가게 만들듯이 주변의 시공간을 휘게 만든다는 것이에요. 예를 들어 무거운 쇠공이 주변 고무판을 엄청나게 주저앉게 만든 상태에서 가벼운 쇠구슬이

이 휘어진 고무판 주위를 지나간다면, 가벼운 쇠구슬은 무거운 쇠공 쪽으로 굴러갈 수밖에 없겠죠. 이것이 바로 아인슈타인이 생각했던 중력이랍니다. 무거운 쇠공이 가벼운 쇠공보다 주변 고무판을 더 깊숙이 주저앉게 만드는 것처럼 질량이 무거울수록 중력은 강하게 미치므로 주변 시공간도 더 많이 휘게 된다는 것이죠.

　일반상대성이론은 시공간에 대한 기존의 생각을 통째로 뒤집으며 중력을 이해하는 데 완전히 새로운 관점을 제공했답니다. 현재 우주를 설명하는 가장 유력한 이론으로 자리 잡았죠. 특히 블랙홀처럼 중력이 강한 곳에서는 일반상대성이론이 뉴턴의 이론을 압도하지요. 일반상대성이론을 설명하기 위해 시공간을 고무판에 비유하자면, 블랙홀 주변

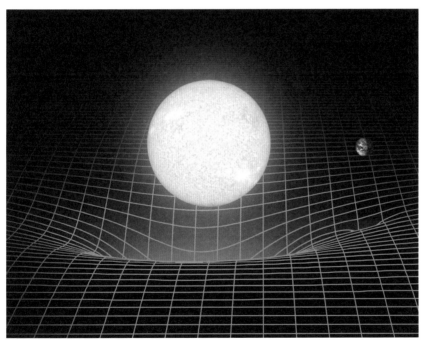

일반상대성이론에서는 중력을 시공간의 휘어진 상태로 설명한다. 중력이 강한 태양이 지구보다 주변의 시공간을 더 휘게 만든다.
ⓒ매사추세츠공과대학 LIGO Lab

아인슈타인의 일반상대성이론을 나타내는
방정식. 이 방정식의 해를 구하면 블랙홀의 해가
나온다.

의 시공간은 엄청나게 무거운 쇠공으로 인해 매우 깊게 움푹 꺼진 상태라 할 수 있어요. 사실 정확히 말하면 고무판 가운데가 너무나 꺼져서 결국 찢어진 상태라고 설명할 수 있답니다. 블랙홀은 마치 우주에 뚫어 놓은 검은 구멍처럼 보이는 것이지요.

일반상대성이론을 풀자 블랙홀이 나왔다!

일반상대성이론이 블랙홀의 존재를 포함하고 있다는 사실을 알아차리긴 어려워요. 그러나 신기하게도 일반상대이론의 방정식을 풀어서 나온 해답이 블랙홀의 단서를 쥐고 있답니다. 1915년 아인슈타인이 중력에 대한 자신만의 생각을 담은 일반상대성이론을 간결하고 아름다운 식으로 완성해 발표했어요. 하지만 이 방정식의 해답을 구하진 않았지요. 이 작업은 독일의 천문학자 카를 슈바르츠실트가 시도해 성공했습니다.

슈바르츠실트는 제1차 세계대전에 참전하던 와중에 아인슈타인의 일반상대성이론을 접했어요. 자신의 머리 위로 포탄이 날아다니는 전쟁통이었지만, 슈바르츠실트는 아인슈타인의 논문 덕분에 힘을 얻었고 초인적인 힘으로 일반상대성이론의 방정식을 정확히 풀어냈답니다. 아인슈타인이 일반상대성이론을 발표한 지 불과 몇 개월밖에 지나지 않은 1916년의 일이었죠.

일반상대성이론의 방정식에서 얻어낸 슈바르츠실트의 해답은 우주 공간의 무거운 천체가 주변 시공간을 어떻게 구부리는지를 보여주었답니다. 아인슈타인은 슈바르츠실트의 풀이를 보고 쉽게 받아들이지 못

블랙홀은 주변의 시공간을
극단적으로 휘게 만든다.
움푹 꺼진 가운데 지점이
특이점이고, 빛조차
빠져나오지 못하는 경계가
사건 지평선이다.

했다고 해요. 질량 중심에 밀도가 무한대인 특이점이 있고, 질량 중심으로부터 일정하게 떨어진 거리에 바깥쪽과 단절된 영역이 나타나기 때문이었죠. 마치 휘어진 공간의 중심에 접근할 수 없는 '구멍'이 존재하는 것처럼 보였어요. 이 구멍은 바로 사건 지평선(**사상의 지평선**)이라고 부르는 블랙홀의 크기를 뜻합니다. 슈바르츠실트의 해답은 우주 공간의 블랙홀을 설명하는 것이었죠. 슈바르츠실트가 블랙홀의 가능성을 처음 수학적으로 제시한 셈이랍니다.

중력이 매우 강력한 블랙홀은 주변의 시공간을 극단적으로 휘어지게 만들어요. 사건 지평선은 블랙홀과 바깥 세계를 나누는 경계랍니다. 이 선을 넘는 순간 빛조차 빠져나오지 못하지요. 블랙홀은 찢어진 고무판처럼 시공간을 움푹 꺼지게 만드는데, 움푹 꺼진 가운데 지점이 특이

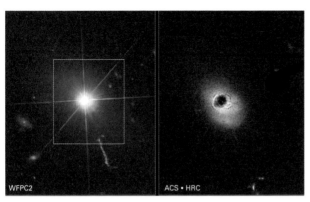

미국항공우주국(NASA)의 허블우주망원경으로 찍은 퀘이사 3C273.
광시야행성 카메라(WFPC2)로 찍은 모습은 별처럼 보이지만, 중심부를 가리고
고성능카메라(ACS)로 찍자 복잡한 구조가 드러났다.
ⓒNASA

점이고, 빛처럼 빠르게 움직여도 특이점으로 굴러떨어지는 것을 막을 수 없는 경계가 바로 사건 지평선이죠. 우리가 땅 위에서 지평선을 바라볼 때 그 너머로 아무것도 볼 수 없듯이 블랙홀의 사건 지평선 너머로는 어떤 것도 볼 수 없답니다.

하지만 아인슈타인이 블랙홀의 존재를 믿지 않았던 것처럼 1960년대까지 슈바르츠실트의 해답은 그저 순수하게 이론적인 결과로만 받아들여졌어요. 결국 블랙홀의 존재에 대한 질문은 1963년 우주에서 가장 밝은 별인 퀘이사가 발견되면서 다시 주목받게 됐답니다.

퀘이사의 엔진은 블랙홀?!

퀘이사는 겉보기에 별처럼 보이지만 강력한 에너지를 내놓고 있어 주목받은 천체랍니다. 퀘이사(quasar)란 영문 이름도 '별과 유사한 천체'라는 뜻을 가진 준항성체(quasi-stellar object)의 준말이에요.

1963년 미국 캘리포니아 팔로마 천문대에서 마틴 슈미트란 천문학자가 처녀자리에서 3C273이란 퀘이사를 관측했는데, 그 거리를 측정한 결과가 모두를 놀라게 했어요. 즉 지구로부터 24억 광년이나 떨어져 있다는 사실이 밝혀진 것이죠. 24억 광년은 빛의 속도로 24억 년이나 가야 도달할 정도로 굉장히 먼 거리랍니다. 이렇게 먼 거리에 있음에도

퀘이사는 보통 은하보다 100배 이상 밝은데, 이 막대한 에너지는 중심부의 거대질량 블랙홀에서 나온다.
그림은 매우 멀리 있는 퀘이사 중 하나인 ULAS J1120+0641.
©ESO/M. Kornmesser

밝게 보이는 이유는 퀘이사가 막대한 에너지를 뿜어내고 있기 때문이
에요.

　그 뒤로도 많은 수의 퀘이사가 잇달아 발견됐는데, 의문점이 하나
있었죠. 그것은 굉장히 멀리 떨어져 있음에도 불구하고 보통 은하보다
100배 이상 밝게 빛난다는 사실이에요.

　퀘이사는 이렇게 엄청난 에너지를 어떻게 발생시킬 수 있을까요?

블랙홀 '백조자리 X-1'의 상상도. 거대한 청색 짝별로부터 물질을 빨아들이고 있다.
ⓒNASA

가장 유력한 설명은 퀘이사의 막대한 에너지를 쏟아내는 엔진이 블랙
홀, 특히 거대질량 블랙홀이라는 것이랍니다. 즉 퀘이사의 막대한 에너
지가 블랙홀에서 나왔다는 뜻이죠. 현재 퀘이사는 활동 은하의 핵으로
인정받고 있어요. 활동 은하는 전파에서 감마선까지 모든 파장의 전자
기파를 방출하고 태양 수백억 개에 해당하는 에너지를 뿜어내는 천체
입니다.

블랙홀 어떻게 찾나?

블랙홀은 어떻게 관측할 수 있을까요? 모든 물질은 물론이고 빛까지도 빨아들이기 때문에 블랙홀이 홀로 존재한다면 발견할 방법이 없어요. 영국의 저명한 물리학자 스티븐 호킹의 말처럼 블랙홀 관측은 지하 석탄 창고에서 검은 고양이를 찾는 것처럼 어려운 일이죠.

우주에서 블랙홀을 찾으려면, 블랙홀 주변 상황을 잘 살펴야 합니다. 예를 들어 블랙홀이 또 다른 별과 쌍을 이루는 경우를 자세히 관측하는 방법이 있어요. 이런 경우를 쌍성계라고 하는데, 쌍성계에서 짝별로부터 나온 물질이 주변 블랙홀로 빨려드는 모습은 어렵지 않게 찾아낼 수 있어요. 블랙홀로 흘러드는 물질은 수챗구멍으로 빨려드는 물처럼 블랙홀 주위를 맴돌며 원반 형태를 이루지요. 이때 원반을 이루는 물질은 매우 빠른 속도로 소용돌이치며 빨려들기 때문에 엄청나게 뜨거워지고 X선처럼 강력한 에너지를 지닌 빛(**전자기파**)을 내뿜는답니다.

천문학자들은 우주에서 블랙홀을 찾고자 X선을 강하게 쏟아내는 천체를 추적하기 시작했어요. 문제는 우주에서 오는 X선이 지구 대기에 흡수되기 때문에 지상에서는 관측할 수 없다는 점이죠. 우주 망원경이 필요했어요. 1970년 우후루(**세계 최초의 X선 관측선**)를 비롯해 다양한 X선 우주 망원경을 발사해 X선을 내놓는 천체를 많이 발견했어요. 그중 '백조자리 X-1'은 유력한 블랙홀 후보로 꼽힌답니다.

블랙홀 주위 별들의 움직임에 주목하다

무척 작은 공간에 엄청난 질량이 집중된 것으로 확인되고 그 질량이 보이지 않는다면 어떨까요? 그곳에 블랙홀이 있다고 추정하는 것은 자연스럽겠죠. 은하 중심도 블랙홀이 있을 법한 훌륭한 후보지인 셈이랍

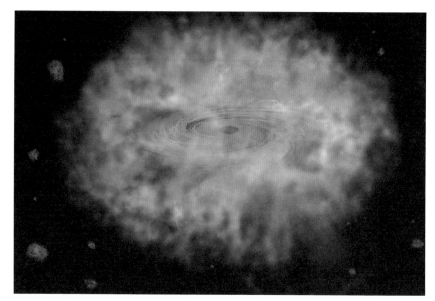

거대질량 블랙홀이 형성될 수 있는 씨앗에 대한 상상도. 거의 모든 은하의 중심에는 거대질량 블랙홀이 자리하고 있을 것으로 추정된다. ⓒNASA

니다. 퀘이사의 엔진으로 블랙홀이 유력하게 받아들여지면서 이후 많은 과학자는 일반적인 은하 중심에도 블랙홀이 자리 잡고 있을 것이라고 예상하기 시작했어요.

블랙홀의 존재를 확인하려면 그곳에 얼마나 많은 질량이 있느냐를 가장 먼저 측정해야 합니다. 이때 주변에 있는 별들이나 가스의 움직임을 주목해야 해요. 별들이나 가스의 속도를 관측해 중심부 천체의 질량을 추정할 수 있기 때문이죠.

1995년 「천문학과 천체물리학 연감」에는 8개의 은하 중심에 무겁고 검은 천체가 있는 것으로 관측됐다고 소개돼 있어요. 이 은하들의 중심 질량은 태양 질량의 수백만 배에서 수십억 배에 이른다고 합니다. 은하 중심 주변을 도는 별들과 가스의 속도(**공전 속도**)를 측정해 은하 중심부의 질량을 계산한 것이죠. 공전 속도가 빠를수록 별들과 가스를 그 궤도에 묶어두는 데 필요한 중력이 더 강하기 때문이랍니다.

은하 중심에 자리하고 있는 무겁고 검은 천체가 왜 블랙홀로 추정될까요? 크게 두 가지 이유를 들 수 있답니다. 첫째, 이 천체를 블랙홀이 아닌 다른 것으로 생각하기가 힘들기 때문이에요. 다시 말하면 별들이나 별무리로 보기에는 너무 밀집돼 있고 어둡다는 것이죠. 둘째, 활동 은하나 퀘이사의 중심에 거대질량 블랙홀이 존재한다

우리 은하의 상상도. 우리 은하 중심은 성간먼지로 가득 차 있어 가시광선 대신 적외선이나 전파로 관측해야 한다. ⓒNASA

고 추정되기 때문이죠. 이 추정이 맞는다면 과거에 활동 은하였지만 지금은 보통 은하인 대부분의 은하는 중심에 거대 블랙홀을 갖고 있을 겁니다. 물론 이 두 가지 설명이 완전한 것은 아니에요.

우리 은하 중심을 적외선으로 관측

자연스럽게 천문학자들의 관심은 우리 은하 중심으로 향했습니다. 우리 은하 중심에도 거대질량 블랙홀이 있을 것이라고 예상할 수 있으니까요. 구체적으로 이를 확인하고자 우리 은하 중심에 있는 별들을 관측해서 그 중심부의 질량을 측정하려고 시도했답니다.

문제는 우리 은하 중심에는 성간먼지가 가득 차 있다는 점이에요. 성간먼지 때문에 우리 눈에 보이는 빛(**가시광선**)은 지구에 도달하지 못해

요. 가시광선으로는 은하 중심 부근의 별들을 관측할 수 없다는 뜻이죠.

별 같은 천체에서는 가시광선을 비롯한 다양한 전자기파가 나옵니다. 통신에 사용되는 전파, 눈에 보이지 않으나 물체에 흡수되어 열에너지로 변하는 적외선, 역시 눈에 안보이지만 살균 작용을 하는 자외선, 방사선으로 알려진 X선과 감마선이 모두 전자기파랍니다. 천문학자들은 우리 은하 중심의 별들을 관측할 때 가시광선보다 파장이 긴 적외선을 이용했답니다. 은하 중심 부근의 별에서 나온 적외선은 성간먼지를 통과할 수 있으니까요.

대기의 왜곡을 극복하는 '적응 광학' 적용

지상에서 천체를 관측할 때면 항상 부딪치는 문제가 바로 지구 대기에 의한 영향이죠. 지구 대기는 렌즈처럼 별빛을 굴절시켜 여러 빛이 합쳐지므로 뿌옇게 보이도록 만든답니다. 별빛에 왜곡이 생기는 것이라고 할 수 있어요.

1953년 미국의 천문학자 호러스 배브콕은 실시간으로 대기의 변화를 반영하고 왜곡을 수정하는 광학 시스템을 고안했어요. 바로 적응 광학이랍니다. 배브콕의 광학 시스템은 1990년대가 돼서야 적용할 수 있었어요. 이 전에는 컴퓨터 성능이 빠르게 변하는 대기 속도를 따라잡을 수 없었기 때문이죠.

1990년대 이후 지상에 건설된 대형 망원경 중에는 적응 광학 시스템을 적용하는 사례가 늘어났어요. 기술적으로는 레이저를 이용한 적응 광학 시스템이 도입됐답니다. 레이저를 대기에 쏘면 고도 80~105 km에 있는 나트륨과 충돌해 빛을 내는데, 대기에 '인공별'을 만든 셈이에요. 이 인공별의 빛이 대기를 통과하며 굴절되는 정도를 측정한 뒤,

칠레 유럽남반구천문대(ESO)
파라날산의 초거대
망원경(VLT)으로 우리 은하
중심부를 관측하고 있다.
VLT에는 레이저를 대기에
쏘아 인공별(가이드 별)을
만들어 대기 효과를 보정하는
적응광학 시스템이 갖춰져
있다.
ⓒ유럽남반구천문대

이 값을 바탕으로 망원경의 보정용 거울을 실시간으로 조절하는 것이
지요. 이렇게 레이저 적응 광학을 적용하면, 뿌옇게 보이던 별빛들이 또
렷해져서 별들을 낱낱이 구분할 수 있답니다. 우리 은하 중심부에 있는
별들을 관측하기에 적합한 방법이에요.

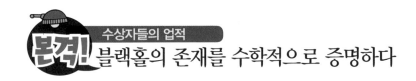

본격! 블랙홀의 존재를 수학적으로 증명하다

블랙홀의 수수께끼는 특이점

노벨위원회는 펜로즈 교수가 일반상대성이론이 블랙홀 형성을 이끈다는 사실을 입증했다고 밝혔어요. 펜로즈 교수는 블랙홀과 관련한 가장 큰 수수께끼가 무엇인지에 대해 중심에 위치하면서 밀도와 중력이 무한해지는 특이점을 꼽았답니다.

블랙홀의 특이점은 어떻게 생길까요? 별은 핵융합으로 발생하는 열로 인한 압력(팽창력)과 중력(수축력)이 서로 균형을 이룰 때 일정한 크기를 유지합니다. 생애 마지막 단계에 중심부의 핵융합 연료를 다 태우고 나면 압력이 사라지고 중력이 작용해 별은 수축하며 작아지죠.

별은 죽음을 맞이하는 단계의 질량에 따라 최후의 모습이 백색왜성, 중성자별, 블랙홀로 달라진답니다. 별의 중심부에서 핵융합을 일으키던 용광로가 꺼지면 별은 중력에 압도당하면서 자체적으로 붕괴하기 시작하죠. 이때 별의 질량이 태양 질량의 1.4배보다 작은 경우 중력을 전자의 축퇴 압력(degenerate pressure)이 막아선답니다. 중력에 의해 별이 짜부라지면 전자 사이의 거리가 가까워지고 밀도가 높아져 압력이 발생하는데, 이것이 바로 전자의 축퇴 압력이에요. 마치 만원 버스 안에서 승객들이 옴짝달싹 못 할 때 받는 압력과 비슷해요.

이렇게 형성된 마지막 단계의 별은 백색왜성이라 불리죠. 태양도 50억 년 후에 백색왜성으로 최후를 맞을 것으로 예측됩니다.

마지막 단계에서 별의 질량이 태양 질량의 1.4배보다 무겁고 3.2배

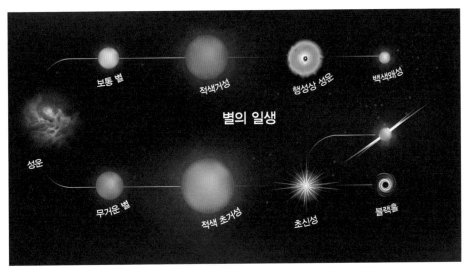

별은 질량에 따라 최후의 모습이 달라진다. 가벼운 별은 백색왜성, 무거운 별은 중성자별이나 블랙홀로 죽음을 맞이한다.

보다 가벼운 경우에는 중성자별이 돼요. 이때는 중력이 강해서 전자가 막지 못하고 중성자가 막아선답니다. 다시 말해 별의 내부 밀도가 엄청 나게 높아져서 전자가 양성자와 만나 중성자가 되고 이런 중성자의 축 퇴 압력이 별을 떠받치는 것이죠. 중성자별은 작은 찻숟가락 하나의 부 피에 10억 톤의 질량이 담길 정도랍니다.

그렇다면 별의 생애 마지막 순간에 질량이 태양보다 3.2배 이상 무 거우면 어떻게 될까요? 이 경우에는 중력이 너무 강해서 이를 막아설 수 없답니다. 별의 붕괴를 멈출 수 있는 것이 아무것도 없다는 뜻이죠. 모든 물질이 무한히 작은 점(특이점)에 모여 블랙홀이 됩니다. 사실 특이 점에서는 상대성이론을 비롯해 현재 우리가 알고 있는 물리학이 작용 하지 않아요.

구형 대칭의 해

20세기 중반까지만 해도 과학자들은 과연 특이점이 실제로 존재하는가에 대해 의심을 했어요. 1916년 독일의 카를 슈바르츠실트가 일반상대성이론에 관한 논문을 읽고 그 식을 풀어서 해답을 구한 뒤 아인슈타인에게 편지를 보냈답니다. 아인슈타인은 이 결과를 살펴보고 특이점 때문에 블랙홀의 존재를 믿지 못했어요. 중력 수축을 통해 블랙홀이 생성된다는 수학적 결론에 의문을 제기한 것이죠.

사실 슈바르츠실트가 일반상대성이론을 풀어서 해답을 구할 때 구형 대칭을 가정했어요. 구형 대칭의 해는 '슈바르츠실트 시공간'이라고 부르죠. 이 해는 특별한 성질을 갖고 있어요. 특이점으로부터 일정한 거리만큼 떨어진 영역, 즉 특정 반지름에서는 빛의 속도로도 탈출할 수 없다는 것이지요. 이를 '슈바르츠실트 반지름' 또는 '사건 지평선'이라고 해요. 그 안쪽은 빛이 빠져나올 수 없는 갇힌 공간이 되고, 외부에서는 그 안쪽을 관측할 수 없어요. 결국 블랙홀은 보이지 않는 것이죠.

그렇지만 실제 우주에서는 별이 모두 구형 대칭인 것은 아니에요. 아인슈타인이 의문을 제기한 이유 중 하나도 바로 구형 대칭이란 가정 때문이었죠. 여기서 펜로즈 교수는 '구형 대칭을 가정하지 않아도 과연 블랙홀이 생성될까?'라는 질문을 제기했어요.

비대칭 별도 블랙홀이 될 수 있나?

펜로즈 교수는 별이 구형 대칭이 아니라 현실적인 조건에서도 블랙홀이 될 수 있는지에 대해 고민했습니다. 그는 1964년 가을 영국 런던에 있는 버벡칼리지 수학과에 근무하던 시절 동료와 함께 산책하다가 길을 건너려고 대화를 멈췄을 때 놀라운 아이디어가 떠올랐어요. 바로

구형 대칭을 가정하고 일반상대성이론의 방정식을 풀면 블랙홀의 해가 나온다. 특이점으로부터 일정한 거리만큼 떨어진 영역, 즉 사건 지평선(슈바르츠실트 반지름)에서는 빛조차 빠져나올 수 없다. 블랙홀 주변에는 물질을 빨아들여 원반 형태의 구조(강착 원반)를 이루고 있으며, 양쪽 극 방향으로는 매우 빠르게 물질(상대론적 제트)을 방출하고 있다.
ⓒ유럽우주국

'갇힌 표면'이라 불렸던 이 아이디어는 그가 블랙홀을 설명하는 데 필요한 중요한 수학적 도구였답니다.

    갇힌 표면은 2차원 표면과 비슷한데, 사건 지평선(**슈바르츠실트 반지름**) 내부의 공간을 나타내는 개념이에요. 표면이 바깥쪽으로 구부러져 있든지 안쪽으로 구부러져 있든지에 관계없이 모든 광선이 중심을 향하

블랙홀 단면도

무거운 별이 자신의 중력으로 붕괴하여 블랙홀이
형성되면, 사건 지평선을 지나는 모든 것을 포획한다.
빛조차 사건 지평선을 빠져나갈 수 없다. 사건 지평선에서
시간은 공간을 대체하고 앞으로만 향한다. 시간의
흐름은 모든 것을 블랙홀 내부에서 가장 먼 특이점으로
전달한다. 특이점에서는 밀도는 무한하고 시간은 끝난다.
ⓒ스웨덴 왕립과학원

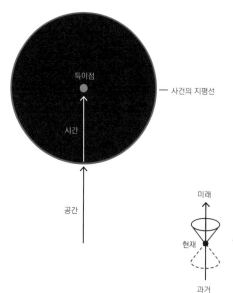

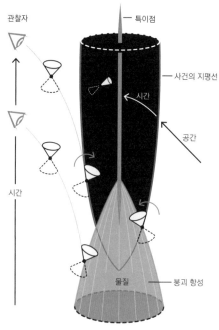

빛 원뿔은 시간에 따라 앞뒤로 광선의 경로를 보여준다.
물질이 붕괴하여 블랙홀을 형성하면 사건 지평선을
가로지르는 빛 원뿔은 특이점을 향해 안쪽으로 향한다.
외부 관찰자는 광선이 사건 지평선에 도달하는 것을 실제로
전혀 보지 못할 것이다. 아무도 더 안쪽을 볼 수 없다.

도록 만든답니다. 펜로즈 교수는 중력 때문에 수축하는 대상이 약간 비
대칭적이더라도 일단 갇힌 표면이 형성되면 결국 블랙홀이 될 수밖에
없음을 수학적으로 증명했어요. 다시 말해 중력에 의해 수축하는 별이
슈바르츠실트 반지름까지 작아지면 별의 구성 물질이 무한히 작은 공
간에 밀집되며 밀도가 무한대가 돼 블랙홀이 된다는 뜻이죠. 이 연구는
'펜로즈의 특이점 정리'라고 합니다.

간단히 말하면 펜로즈 교수는 블랙홀 생성이 아인슈타인의 일반상

대성이론에 따라 피할 수 없는 결과라는 사실을 보여준 것입니다. 구체적으로 갇힌 표면을 이용해 블랙홀이 항상 특이점을 숨기고 있다는 사실을 증명한 셈이죠.

특이점은 시간과 공간이 끝나는 경계인데, 이곳에서는 일반상대성이론이 제대로 작동하지 않을 뿐만 아니라 현대 물리학에는 이를 설명할 수 있는 이론도 없어요. 펜로즈 교수는 만약 인류가 물리학의 법칙에 대해 더 깊이 있는 방식으로 이해하려면 특이점에서 무슨 일이 벌어지는지를 알 필요가 있다고 강조했답니다.

본격! 우리 은하 중심에서 블랙홀을 찾아내다

블랙홀은 어디에 있을까?

펜로즈 교수가 블랙홀이 일반상대성이론에 따라 자연스럽게 생성되는 천체임을 이론적으로 밝히자, 이제 블랙홀의 존재를 확인하고 관측하는 것은 천문학자들의 몫이 됐어요. 천문학자들은 빛조차 빨아들이는 블랙홀 자체를 볼 수는 없으니까 블랙홀 주변에서 벌어지는 일에 초점을 맞춰야 했어요.

예를 들어 블랙홀과 쌍성을 이루는 짝별이 있다면 짝별의 물질이 블랙홀로 빨려들 때 자외선, X선 등이 나오는데 이를 관측해서, 물질을 게걸스럽게 먹어 치우는 천체가 블랙홀이 맞는지를 확인하는 거죠.

또 다른 블랙홀 은신처로 은하 중심부가 주목받아 왔어요. 특히 은하 중심에 거대질량의 블랙홀이 존재한다는 주장이 설득력을 얻고 있었답니다. 우리 은하 중심도 거대질량 블랙홀이 존재할 것으로 추정되는 유력한 후보 중 하나였죠. 사실 천문학자들은 50년이 넘는 기간 동안 우리 은하 중심에 블랙홀이 자리하고 있을 것으로 의심해 왔어요. 1960년대 초 퀘이사가 발견된 이후 커다란 은하 중심에는 거대질량 블랙홀이 발견될 것으로 예상해 왔던 것이죠.

1919년 미국의 천문학자 할로 섀플리는 우리 은하 내에서 구상성단이 어떻게 분포하는지 알아내 우리 은하의 구조와 크기를 추정했고, 우리 은하 중심이 궁수자리 방향에 있다는 사실을 최초로 밝혀냈어요. 당시 태양계가 우리 은하 중심에 있을 거라는 일부의 생각을 뒤집어놓았죠. 이후 천문학자들은 우리 은하 중심을 자세히 관측했습니다. 그 결과

우리 은하의 적외선 밝아지기 전

밝아짐

우리 은하 중심의 X선 이미지

우리 은하의 적외선 이미지

밝아진 뒤

미국항공우주국(NASA)의 X선 우주망원경 'NuSTAR'은 우리 은하 중심부에 자리한 거대질량 블랙홀 '궁수자리 A*'(궁수자리 A별)의 모습을 고에너지 X선으로 포착했다. 적외선으로 찍은 배경 이미지는 우리 은하 중심부에서 궁수자리 A*의 위치를 보여준다. 블랙홀이 물질을 집어삼킬 때 밝아진다. ⓒ NASA

1974년 우리 은하 중심 방향에서 강력한 전파를 뿜어내는 원천을 발견했어요. 이 전파를 내보낸 정체불명의 천체는 궁수자리 방향에 있어서 '궁수자리 A*'(궁수자리 A별)이라는 이름을 붙였죠. 보통 별은 전파를 거의 내놓지 않기 때문에 천문학자들은 강력한 블랙홀이 주변 가스를 빨아들일 때 내뿜는 전파일지도 모른다고 추측했답니다.

두 연구팀이 우리 은하 중심에 집중

1990년대가 돼서야 대형 망원경과 적응 광학 장비가 갖춰지면서 우리 은하 중심의 블랙홀 후보 '궁수자리 A*'에 대해 체계적으로 연구할 수 있게 됐습니다. 1990년대 중반부터 겐첼 소장과 게즈 교수는 우리

칠레 유럽남반구천문대(ESO)의 초거대 망원경(VLT)은 레이저를 쏘아 인공별을 만들어 대기 효과를 제거하는 적응광학 시스템을 적용했다. 덕분에 우리 은하 중심부의 별들을 선명하게 촬영할 수 있었다.
ⓒ유럽남반구천문대

은하 중심에 있는 별들을 추적하기로 했어요. 특히 '궁수자리 A*' 근처에 있는 별들의 움직임을 자세히 관측해 블랙홀의 증거를 찾아내려고 노력했답니다.

만일 우리 은하 중심에 거대질량 블랙홀이 있다면, 이 블랙홀을 중심으로 도는 별들도 있을 것이고 블랙홀의 커다란 중력이 이 별들의 움직임에 어떤 영향을 줄 것이라고 생각한 것이에요. 블랙홀이 무거울수록 주변을 도는 별

게즈 교수 연구팀이
이용한 케크 천문대의
망원경. 36개의 조각으로
이뤄진 크기 10미터
거울이 들어가 있다.
© 케크 천문대

의 공전 속도도 빠르기 때문에 별을 오랜 기간 관측해 속도와 궤도를
파악하면 블랙홀의 질량도 계산할 수 있답니다.

　우리 은하는 10만 광년에 걸쳐 평평한 원반 모양을 하고 있으며 수
천억 개의 별들, 가스, 먼지로 이뤄져 있는데, 우리 은하 중심은 지구로
부터 약 2만 6000광년 떨어져 있어요. 지구에서는 가스와 먼지로 구성
된 성간 구름이 은하 중심에서 나오는 가시광선을 가려서 별들을 볼 수
없는 것이 문제였답니다. 그래서 겐첼 소장과 게즈 교수는 먼지와 가스
를 뚫고 별들을 관측하기 위해 적외선 망원경과 전파 망원경을 이용했
죠. 겐첼 소장과 게즈 교수는 각각 우리 은하 중심부를 꿰뚫어 볼 수 있
는 프로젝트를 시작했습니다. 각자 연구팀을 구성한 뒤 30년 가까운 기

하와이 마우나케아에
건설된 케크 천문대.
ⓒ 케크 천문대

간 동안 대형 망원경, 레이저 적응 광학 시스템, 정밀 광센서 같은 첨단 관측기기를 이용해 우리 은하 중심의 별들을 추적했어요.

멀리 있는 별을 관찰하는 데는 대형 망원경이 필수적이죠. 겐첼 소장이 이끄는 독일 연구팀은 처음에 칠레 라실라산에 있는 '신기술 망원경(NTT)'을 사용하다가 칠레 파라날산에 있는 '초거대 망원경(VLT)'을 이용해 관측했어요. 특히 VLT는 크기가 NTT의 2배인 거대한 망원경이 4개로 구성되며, 각 망원경에는 지름이 8미터가 넘는 세계에서 가장 큰 단일 거울이 들어갑니다. 게즈 교수가 이끄는 미국 연구팀은 미국 하와이 마우나케아에 있는 케크 망원경을 이용해 관측했어요. 이 망원경에는 36개의 조각으로 구성된 크기 10미터 거울이 들어가는데, 각 조각을 개별적으로 조절해 별빛의 초점을 맞출 수 있답니다.

겐첼 소장 연구팀과 게즈 교수 연구팀은 각각 독립적으로 우리 은하 중심에서 '궁수자리 A*' 주변을 돌고 있는 별들을 추적했어요. 두 연구팀은 우리 은하 중심에 뒤죽박죽으로 섞여 있는 별들 사이에서 원하는

우리 은하 중심에 가장 가까운 별들

별들의 궤도는 거대질량 블랙홀이 '궁수자리 A*'(궁수자리 A별)에 숨어 있는 가장 확실한 증거이다. 이 블랙홀은 태양 질량의 약 410만 배인 질량이 우리 태양계보다 크지 않은 영역에 압착되어 있는 것으로 추정된다.

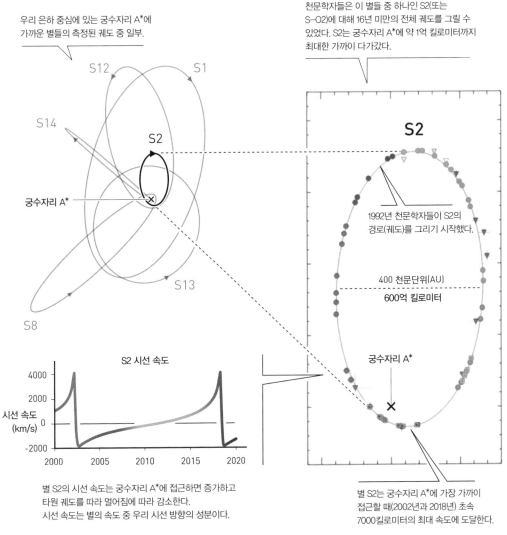

우리 은하 중심에 있는 궁수자리 A*에 가까운 별들의 측정된 궤도 중 일부.

S12
S1
S14
S2
궁수자리 A*
S13
S8

천문학자들은 이 별들 중 하나인 S2(또는 S-02)에 대해 16년 미만의 전체 궤도를 그릴 수 있었다. S2는 궁수자리 A*에 약 1억 킬로미터까지 최대한 가까이 다가갔다.

S2

1992년 천문학자들이 S2의 경로(궤도)를 그리기 시작했다.

400 천문단위(AU)
600억 킬로미터

궁수자리 A*

S2 시선 속도

시선 속도
(km/s)

4000
2000
0
-2000

2000 2005 2010 2015 2020

별 S2의 시선 속도는 궁수자리 A*에 접근하면 증가하고 타원 궤도를 따라 멀어짐에 따라 감소한다.
시선 속도는 별의 속도 중 우리 시선 방향의 성분이다.

별 S2는 궁수자리 A*에 가장 가까이 접근할 때(2002년과 2018년) 초속 7000킬로미터의 최대 속도에 도달한다.

별을 추적하려고 정밀 광센서와 적응 광학 시스템을 개발해 영상 해상도를 1000배 이상 높였답니다.

구체적으로 두 연구팀은 우리 은하 중심의 가장 밝은 별 30개를 추적했어요. 은하 중심에 가까운 별들은 꿀벌 떼가 춤추듯이 매우 빠르게 움직이죠. 반면에 은하 중심에서 약간 떨어진 별들은 좀 더 질서 있게 타원 궤도를 따라간답니다. '궁수자리 A*' 주변에 가까워지면 속도가 매우 빨라지고 멀어지면 속도가 느려져요.

예를 들어 S2(또는 S-O2)라는 이름의 별은 16년도 채 안 돼서 우리 은하 중심을 한 바퀴 돕니다. 이것은 태양이 우리 은하 중심을 한 바퀴 도는 데 2억 년 이상 걸리는 것에 비하면 매우 짧은 시간이죠. 이렇게 짧은 시간 덕분에 천문학자들이 이 별의 전체 궤도를 정확히 알아낼 수 있었지요.

지구나 목성이 공전하는 이유가 중심에 태양이 있기 때문인 것처럼 많은 별이 은하 중심을 도는 것도 공전 궤도 중심에 강력한 중력을 미치는 무언가가 있다는 증거인 셈이에요. 두 연구팀은 S2를 비롯한 별들의 궤도를 구해 각자 우리 은하 중심 블랙홀의 질량을 알아냈어요. 1997년 겐첼 소장 연구팀은 제한된 관측 결과를 활용해 우리 은하 중심에 태양 질량보다 245만 배나 무거운 블랙홀이 자리하고 있을 것으로 추정했어요. 그 뒤 10년 이상 연구 자료가 쌓이면서 블랙홀 질량은 수정됐죠. 2008년 게즈 교수 연구팀은 별들의 3차원 운동을 측정한 값들을 바탕으로 블랙홀 질량을 태양 질량의 410만 배라고 계산한 결과를 발표했어요. 우리 은하 중심에 거대질량 블랙홀이 자리하고 있다는 결론에 도달한 것이죠.

'궁수자리 A*'에 다가가는 별 S2의 위치만 보더라도 블랙홀과의 거리가 태양계 크기의 몇 배 정도밖에 되지 않아요. 실제 우리 은하 중심의 블랙홀은 태양계 정도 크기라는 작은 공간에 태양 질량의 410만 배의 질량이 밀집한 거대한 천체랍니다.

확인하기

 2020년 노벨 물리학상 수상자들의 연구 내용이 흥미로웠나요? 조금 어렵게 느꼈을 수도 있겠지만, 블랙홀의 정체에 대해 조금은 알게 됐을 거예요. 자, 그럼 지금까지 살펴본 내용을 점검하는 문제를 풀어봐요.

01 블랙홀이란 이름을 처음 붙인 사람은 다음 중 누구일까요?
① 존 휠러
② 아인슈타인
③ 슈바르츠실트
④ 존 미첼

02 중력의 잣대로서 천체의 중력이 강할수록 커지는 것입니다. 블랙홀의 이것은 빛의 속도보다 큽니다. 이것은 무엇일까요?
(   )

03 블랙홀과 바깥 세계를 나누는 경계입니다. 이것을 넘는 순간 빛조차 빠져나오지 못합니다. 이것은 무엇일까요?
① 특이점
② 사건 지평선
③ 강착 원반
④ 퀘이사

04 펜로즈 교수는 구형 대칭이 아닌 별도 블랙홀이 될 수 있다는 사실을 수학
   적으로 증명했습니다. 이때 중요하게 사용한 수학적 아이디어는 구체적으
   로 무엇일까요?
   ① 열린 표면
   ② 비대칭
   ③ 위상 공간
   ④ 닫힌 표면

05 다음 중에서 블랙홀이 존재할 것으로 추정되는 후보가 아닌 것은 무엇일까
   요?
   ① 태양 중심
   ② 우리 은하 중심
   ③ 퀘이사
   ④ 백조자리 X-1

06 적응 광학 시스템은 대형 망원경에서 지구 대기에 의해 별빛의 왜곡 현상
   을 수정합니다. 다음 중 이 시스템과 관련 없는 것은 무엇일까요?
   ① 나트륨
   ② 분광학
   ③ 레이저
   ④ 인공별

07 우리 은하 중심은 어느 별자리 방향에 있나요?
   ① 황소자리
   ② 쌍둥이자리
   ③ 처녀자리
   ④ 궁수자리

08 겐첼 소장과 게즈 교수가 우리 은하 중심에서 거대질량 블랙홀이 있다는 사실을 관측으로 증명했습니다. 구체적으로 어떻게 했나요?
① 은하 중심에서 나오는 가시광선을 관측했다.
② 블랙홀로 빨려드는 물질을 관측했다.
③ 블랙홀 주변을 도는 별들을 관측했다.
④ 은하 중심에서 나오는 강력한 X선을 관측했다.

09 특이점에 대한 다음 설명 중 옳지 않은 것은 무엇인가요?
① 시간과 공간이 끝나는 경계
② 이곳에서는 일반상대성이론이 제대로 작동하지 않는다.
③ 부피가 0이고 밀도가 무한대이다.
④ 구형 대칭인 별만 특이점을 갖는다.

10 우리 은하 중심에 있는 블랙홀에 대한 다음 설명 중 옳지 않은 것은 무엇인가요?
① 거대질량 블랙홀이다.
② 태양계 정도 크기라는 공간에 태양 질량의 410만 배의 질량이 밀집해 있다.
③ 수많은 구상성단의 운동을 관측해 그 정체를 밝혀냈다.
④ 우리 은하 중심의 가장 밝은 별 30개를 추적해 그 정체를 알아냈다.

2020 노벨 화학상

2020 노벨 화학상, 세 명의 수상자를 소개합니다!
몸풀기! 사전 지식 깨치기
본격! 수상자들의 업적
확인하기

"FOR THE GREATEST
BENEFIT TO HUMANKIND"

ALFRED NOBEL

©노벨미디어/Nanaka Adachi

2020 노벨 화학상,
두 명의 수상자를 소개합니다!
– 에마뉘엘 샤르팡티에, 제니퍼 A. 다우드나

    스웨덴 왕립과학원 노벨상위원회는 2020년 10월 7일(현지 기준) 독일 막스플랑크연구소 에마뉘엘 샤르팡티에 소장과 미국 캘리포니아대 버클리캠퍼스 제니퍼 A. 다우드나 교수를 노벨 화학상 수상자로 선정했다고 발표했습니다.

    이들이 2012년에 개발한 DNA 편집 기술인 크리스퍼 유전자 가위는 생명과학과 의학 분야에 혁명적인 변화를 이끈 신기술이에요.

    노벨상위원회는 "이들은 유전자를 편집할 수 있는 기술 중 하나인 크리스퍼 유전자 가위 기술을 찾아냈다."며 "동물과 식물, 미생물의 DNA를 극도로 정밀하게 바꿀 수 있어, 생명과학 분야에 혁명적인 영향을 미쳤고, 새로운 암과 유전병 치료 가능성에 크게 기여했다."고 평가했답니다.

    에마뉘엘 샤르팡티에는 인류에게 가장 해를 끼치는 박테리아 중 하나인 화농성연쇄상구균(스트렙토코쿠스 피오게네스)을 연구하면서 알려지지 않은 트레이서RNA(tracrRNA) 분자를 발견했어요. 그리고 그는 크리스퍼 가위로 DNA를 분리해 바이러스를 제거할 수 있음을 보여줬지요. 생화학자인 제니퍼 다우드나는 2011년에 에마뉘엘 샤르팡티에와 함께 연구해 시험관에서 박테리아의 유전자 가위를 사용하기 쉽게 만들었어요. 그리고 2012년에 유전자 가위를 재프로그래밍해 어떤 DNA 분자라도 잘라서 편집할 수 있음을 함께 증명했답니다.

"
유전체 편집 방법 개발을 위해
"

에마뉘엘 샤르팡티에
1968년 프랑스 주비시쉬르오르주에서 출생
1995년 프랑스 파리 파스퇴르 연구소 박사 학위 받음
현재 독일 막스플랑크연구소의 병원균 사이언스 연구소 소장으로
재직 중

제니퍼 A. 다우드나
1964년 미국 워싱턴 D.C.에서 출생
1989년 미국 보스턴 하버드 의과대에서 박사 학위 받음
현재 미국 캘리포니아대 버클리 캠퍼스 교수, 하워드 휴즈
의학연구소 연구원으로 재직 중

현재 크리스퍼 유전자 가위는 기초 연구에서 많은 중요한 발견을 이끌고 있어요. 식물 연구자들은 이를 이용해 곰팡이와 해충, 가뭄에 잘 견디는 작물을 개발하고 있고, 의학에서는 새로운 암 치료법을 찾아 임상시험을 진행하는 등 인류에게 큰 도움을 주고 있습니다.

몸풀기! 사전지식 깨치기

크리스퍼 유전자 가위를 이해하기에 앞서 생명체에 대한 기본적인 특성부터 살펴볼게요.

생명체는 세포로 이뤄져 있어요. 탄수화물과 단백질, 지질, 핵산 같은 성분을 가지고 있으며, 살아가기 위해 에너지와 물질을 필요로 하지요. 그리고 세대를 거듭하면서 진화한답니다.

또 모든 세포와 생물은 유전자를 지니고 있어요. 유전자는 유전의 기본 단위로, 세포를 구성하고 유지하며, 이들이 유기적으로 관계를 만들어 가는데 필요한 정보를 담고 있죠. 우리 몸이 에너지를 얻거나 살아가는 데 필요한 생명활동에 관여하는 수많은 생화학 작용도 모두 유전자 정보를 기반으로 합니다. 특히 유전자는 생식 과정을 통해 자손에게 이어져요. 눈 색깔, 혈액형 같은 다양한 형질과 특별한 질병까지도 유전되지요. 이러한 정보는 복제되며 이어지는데, 잘못 복제되면 돌연변이가 발생한답니다. 이때는 기존과 다른 새로운 유전형질이 이어지기도 하지요.

이런 특성 때문에 과학자들은 식물이나 동물에서 사람에게 유용한 형질만 발현시켜 생산성이나 효용성을 극대화할 수 있으리라 기대했어요. 또 사람들은 더 좋은 유전형질을 후손에게 물려주고, 좋지 않은 형질은 물려주지 않기를 원하죠. 이 같은 기대로 추진된 연구가 조금씩 성과를 내며, 사람들의 바람처럼 유전자를 바꿀 수 있는 유전자 편집 기술의 등장으로 이어졌답니다.

선사시대 전부터 유전 특성 활용해 품종 개량

사람들은 역사를 기록하기 이전부터 경험적으로 생물이 가진 특징이 부모로부터 자손에게로 이어진다(유전된다)는 것을 알았어요. 이런 특성을 이용해 사람들은 다양한 동물과 식물에 대한 수없이 많은 품종 개량을 시도했죠. 현대에서 우리가 만나는 다양한 식물과 동물 중 상당수는 오랜 역사를 통해서 개량된 품종이에요.

인위적으로 유전자를 바꿀 수 있는 유전공학 기술이 발달하기 전까지 사람들은 원하는 형질을 가진 생물을 번식시켜 자손을 얻은 다음, 이 중에서 원하는 형질의 자손만 선택하는 방식으로 품종 개량을 진행했어요. 다윈은 환경에 따라 자연스럽게 일어나는 선택적 품종 개량을 자연선택이라고 불렀어요. 유전공학을 이용한 품종 개량은 기존의 품종 개량과 결과는 거의 같아요. 하지만 자연적인 생식과정을 통해서 품종을 개량하는 기존 방법과 달리 유전자를 직접 조작하거나 바꿔서(조작이나 편집해) 짧은 시간에 새로운 품종을 만들어낸다는 차이가 있어요.

자연적 생식과정을 통한 품종 개량은 일정한 시간과 과정을 거쳐 자연에서 일어나는 과정으로 보기 때문에 이러한 과정을 통해 만들어진 품종이 사람이나 자연 생태계에 예상치 못한 영향을 줄 가능성은 상대적으로 낮아요. 하지만 유전자를 인위적으로 바꿔 짧은 시간에 만들어 낸 새로운 품종은 충분한 검증 과정을 거친 상태가 아니기에 자연 생태계와 사람들에게 어떤 영향을 주게 될지 알기가 쉽지 않아요. 이런 이

유에서 유전공학을 이용한 품종 개량에 대해서 부정적인 시각을 가진 사람들도 많지요.

유전학의 문을 연 '그레고르 멘델'

자연적 생식 과정으로 품종 개량을 시도하던 인류가 1850년에 이르러 처음으로 과학적인 방법을 도입하여 연구에 나섰어요. 그가 바로 유전학의 문을 연 그레고르 멘델이에요. 1850년대 멘델은 유명한 완두콩 실험을 통해 '멘델의 유전법칙'을 발견했답니다.

멘델은 7년 동안 완두콩 실험을 진행했어요. 그는 유전형질 하나가 세대를 거듭해도 변하지 않는 개체를 순종으로, 교배해서 형질 변화가 일어나는 개체를 잡종으로 불렀어요. 잡종 1세대에는 두 부모 개체의 대립형질 가운데 한 가지만이 나타났어요. 이를 우성이라고 하고 나타나지 않는 형질을 열성이라 정했죠. 멘델은 잡종 교배 실험을 통해 1세대에 열성이 나타나지 않더라도 사라진 것이 아니고, 2세대나 3세대에 다시 나타난다는 사실과 빈도가 통계적으로 일정 법칙에 따른다는 것을 발견했어요. 이렇게 멘델이 발견한 규칙이, 과학 교과서에서 배우는 '멘델의 유전법칙'이에요. 이때 멘델은 부모와 자손으로 이어지는 유전형질을 기본 단위로 나눌 수 있음을 밝혔는데, 이것이 바로 유전자(게놈)랍니다.

멘델의 유전법칙

그레고르 멘델(Gregor Mendel, 1822~1884)은 오스트리아의 식물학자이자 가톨릭 사제로, 유전학의 토대를 마련한 생물학자랍니다. 오스트리아 가난한 농가에서 태어난 멘델은 가정 형편 때문에 대학 학업을 포기하고, 수도원의 수도사가 됐어요. 이후 빈 대학에 청강생으로 등록해 식물학과 수학을 2년 동안 배웠어요. 이때 배운 지식을 이용해 수도원 정원에서 7년 동안 완두콩을 재배하며, 이들이 어떻게 유전되는지를 알아냈답니다.

그는 꽃의 색, 종자의 색, 종자의 모양, 꼬투리의 색, 꼬투리의 모양, 식물체의 키 그리고 꽃의 위치에 대한 일곱 가지 유전형질에 대해 실험하고 분석했어요. 이를 토대로 그는 유전형질이 자손에게 이어지며 계속 나타나는 것은 유전되는 기본 단위이기 때문이라고 가설을 세웠죠. 이 유전단위가 지금은 유전자로 알려져 있어요. 또 이 유전단위가 통계 법칙을 따른다는 사실도 확인됐어요. 구체적으로 잡종의 생식세포에는 부모 중에서 한쪽에서 온 유전물질 절반과 다른 한쪽에서 온 유전물질 절반이 들어 있다는 사실이 확인됐죠. 이를 멘델의 제1법칙 또는 분리 법칙이라고 해요.

또 여러 가지 유전형질이 혼합된 경우 모든 가능한 조합을 만들며 독립적으로 자손에게 전해진다는 것을 밝혔답니다. 멘델의 제2법칙 또는 독립 법칙이라고 하는 이 법칙은 현대에 와서 서로 다른 연관 그룹이나 서로 다른 염색체 유전자에 적용되는 것으로 확인됐어요.

또 그는 우성과 열성 형질이 일곱 가지 유전형질에 모두 나타난다고 봤어요. 하지만 이후 다른 연구자 등을 통해 실제는 모든 유전형질에 적용되는 것은 아니라고 확인됐지요. 그는 225회에 이르는 완두콩 인공 교배 실험으로 1만 2000종에 달하는 잡종을 얻었어요. 그리고 완두 실험으로 알게 된 과학적 사실을 1865년 브륀의 자연과학협회 정례회에서 발표하고, 논문을 따로 인쇄해 발표하기도 했어요.

하지만 당시에는 그의 연구는 인정받지 못했답니다. 하지만 멘델은

멘델의 완두콩 실험

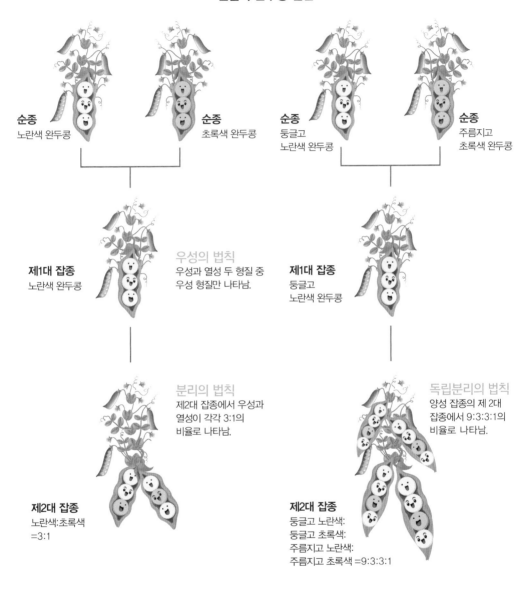

순종
노란색 완두콩

순종
초록색 완두콩

순종
둥글고
노란색 완두콩

순종
주름지고
초록색 완두콩

제1대 잡종
노란색 완두콩

우성의 법칙
우성과 열성 두 형질 중
우성 형질만 나타남.

제1대 잡종
둥글고
노란색 완두콩

분리의 법칙
제2대 잡종에서 우성과
열성이 각각 3:1의
비율로 나타남.

독립분리의 법칙
양성 잡종의 제 2대
잡종에서 9:3:3:1의
비율로 나타남.

제2대 잡종
노란색:초록색
=3:1

제2대 잡종
둥글고 노란색:
둥글고 초록색:
주름지고 노란색:
주름지고 초록색 =9:3:3:1

늘 "나의 시대는 올 것이다. ⟨Meine Zeit wird schon kommen⟩" 라고 말했다고 합니다. 멘델은 1886년 세상을 떠났습니다. 그러다 1900년에 유럽의 식물학자 칼 에리히 코렌스, 에리히 체르마크 폰 세이세네크, 휴고 드 브리스가 비슷한 연구를 통해 뒤늦게 멘델이 진행한 연구를 찾아냄으로써 그의 연구가 세상에 알려지게 되었어요.

1900년 휴고 드 브리스는 멘델이 제시한 유전학 개념을 정리해 유전형질 같은 용어를 만들었어요. 그리고 1909년 덴마크의 빌헬름 요한센이 처음 유전자라는 말을 사용하면서 유전물질과 유전형질은 유전자로 쓰이기 시작했답니다.

DNA가 유전물질

1910년 토머스 헌트 모건은 특정 염색체에 유전자가 존재한다는 사실을 확인시켜줬어요. 또 유전자가 염색체에서 특정 부위를 차지한다는 것도 보여줬지요. 이런 정보를 이용해 모건과 그의 제자들은 초파리의 염색체 지도를 세계 최초로 만들기 시작했어요.

1928년 프레더릭 그리피스는 유전자의 형질이 전환될 수 있음을 알아냈어요. 그는 실험으로 죽은 병원성 세균에 있는 어떤 물질이 비병원성 세균에 들어가 병원성 세균으로 형질 전환한 것을 확인했어요. 그는 이 물질을 유전물질이라고 생각했지요.

이후 과학자들은 유전물질이 DNA(디옥시리보핵산)로 이뤄져 있다는 사실을 알아냈고, DNA는 1869년 스위스의 프리드리히 미셔가 처음 발견했어요. 세포핵에서 발견한 산이라는 의미로 핵산(nucleic acid)이라고 불렀어요. DNA는 두 개의 긴 가닥이 서로 꼬여있는 이중나선 구조로 된 고분자화합물이에요. 세포핵에서 발견해 핵산이라 불렀으나 미토콘드리아에도 DNA를 갖고 있는데 이는 오래전 미토콘드리아가 단세포 생물체로 있다가 우리의 세포 내로 들어와 공생을 하고 있기 때문입니다.

이후 DNA는 유전물질로 오랫동안 지목됐어요. 그러던 중 1941년 조지 웰스 비들과 에드워드 로리 테이텀은 유전자 돌연변이가 특정 단계에서 이상을 일으킨다는 사실을 확인하며, 특정 유전자가 특정 단백질을 암호화하는 1유전자 1효소설을 제시했어요. 그리고 1944년 오즈월드 에이버리, 콜린 먼로 매클라우드, 맥클린 맥카티가 형질전환 실험을 통해 DNA가 유전물질임을 확인했죠. 이어 1952년 앨프리드 허시와 마사 체이스 실험이 최종적으로 DNA가 유전물질임을 확정했어요.

이렇게 과학자들의 연구로 DNA가 유전물질이라는 사실은 거의 정설로 굳어졌지요. 하지만 DNA가 어떤 물질인지, 어떤 구조를 가지는지, 어떤 방법으로 유전정보를 담고 전달하는지 등은 여전히 베일에 싸여 있었죠.

DNA 연구에 혁신을 가져온 이중나선 구조 발견

이때 1952년에 로절린드 프랭클린은 DNA 나선 형태를 보여주는 선명한 X선 회절 사진을 찍었어요. 그리고 이 사진을 이용해 제임스 D. 왓슨과 프랜시스 크릭이 1953년에 DNA 분자 구조가 이중나선 구조라는 사실을 밝혀냈죠. 이 같은 발견을 바탕으로 프랜시스 크릭은 DNA의 유전정보가 RNA로 전사(**DNA를 원본으로 사용하여 RNA를 만드는 과정**)되고, RNA 정보를 토대로 단백질로 번역되는 분자생물학의 핵심 원리를 제안합니다.

1972년에 벨기에 겐트대 발터 피어스와 그의 동료들은 박테리오파지 MS2의 외피 단백질 유전자 염기서열을 최초로 밝혀냈어요. 그리고 리처드 J. 로버츠와 필립 앨런 샤프는 1977년에 유전자가 단편으로 절단될 수 있음을 발견했어요. 이 발견은 유전자 하나가 여러 단백질을 만들 수 있다는 발상으로 이어졌지요.

DNA 이중나선 구조

1953년 4월 25일 《네이처(Nature)》에 미국인 제임스 왓슨과 영국인 프랜시스 크릭이 DNA의 이중나선 구조를 밝힌 짧은 논문이 게재됐어요. 900자 정도로 2쪽 분량으로 작성된 논문인 「핵산의 구조: 디옥시리보 핵산(DNA)에 대한 구조」는 20세기 과학에서 최대 업적의 하나로 평가받고 있답니다. 당시 왓슨은 25세로 바이러스 연구를 통해 박사 학위를 받은 젊은 과학자였고, 크릭은 37세에 X선 회절을 연구하는 박사과정 학생이었어요. 크릭은 2차 세계대전 때문에 박사과정을 늦게 시작했다고 해요. 이 둘은 캠브리지 대학의 캐번디스 연구소에서 일했는데 서로 친해서 독수리 맥주집(The Eagle Pub)에 함께 자주 갔었고 나중에 이 장소에서 "생명의 비밀을 밝혔다."고 그 자리에 있던 사람들 앞에서 발표를 합니다. 지금도 캠브리지에 있는 독수리 맥주집은 유명한 관광 명소입니다. 두 사람은 1952년에 라이너스 폴링이 준비하던 DNA는 삼중나선이라는 논문을 미리 봤는데 이 논문에 문제점이 있다는 것을 알았어요. 또한 1949년 샤가프가 발표했던 DNA의 염기 조성을 분석한 논문에서 아데닌(A)과 티민(T), 그리고 구아닌(G)과 사이토신(C)은 거의 비슷한 양으로 존재한다는 힌트를 얻었어요. 이 정보는 왓슨과 크릭이 아데닌-티민, 시토신-구아닌이 서로 결합한다는 염기쌍 원리를 밝히는데 결정적인 단서를 제공했죠.

그런데 DNA가 이중나선 구조를 가진다는 또 다른 결정적 증거인

왓슨과 크릭
©스웨덴 왕립과학원

DNA의 X선 회절 사진은 로절린드 프랭클린이 찍은 것이었어요. 두 사람이 런던 대학에 방문하였을 때 그녀와 경쟁 관계였던 동료 과학자 윌킨스가 프랭클린으로부터 허락도 받지 않고 그녀의 책상 서랍에 어떤 DNA의 X선 회절 사진을 왓슨과 크릭에게 몰래 보여 주었어요. X선 회절 분야를 연구하던 크릭은 이 사진을 보고 DNA가 삼중 나선이 아니라 이중 나선 구조라는 확신을 갖게 됐다고 해요.

곧바로 왓슨과 크릭은 DNA 모형을 제작하기 시작했어요. 1953년 3월 7일 왓슨과 크릭은 실제로 높이 180cm의 DNA 모형을 완성했어요. 그리고 3주 뒤인 1953년 4월 25일, 128줄로 이뤄진 짧지만 강력한 논문을 《네이처》에 발표했죠.

이 논문을 쓸 때 누구의 이름을 먼저 넣을 것인지를 정하기 위해서 왓슨의 제안으로 동전 던지기를 했다고 해요. 이 때 왓슨이 이겨서 왓슨의 이름을 먼저 적었고 지금도 크릭과 왓슨이 아니라 왓슨과 크릭이라고 불러 줍니다. 이 논문과 같은 호에 보면 왓슨과 크릭의 논문이 함께 발표가 되어 있고 이 세 편의 논문을 종합하여 DNA 이중 나선이라는 결론에 도달해요. 그 이후 1958년 프랭클린은 X선 실험의 후유증으로 백혈병에 걸려 38살의 젊은 나이로 안타깝게도 사망하였고, 1962년 왓슨, 크릭, 윌킨스가 함께 노벨 생리 의학상을 받았어요. 이들이 함께 연구했던 캠브리지 연구소를 분자생물학 실험실(Laboratory of Molecular Biology)로 부르게 되었고 여기서 분자생물학(Molecular Biology)이라는 학문의 이름이 시작됩니다. 그 이후에 이루어진 인간 유전체 지도의 완성과 같은 현대 분자생물학의 중요한 개념과 사건 대부분은 DNA 구조 발견으로부터 시작했다고 볼 수 있어요. DNA는 세포에 들어 있는 생명의 설계도랍니다. 세포가 자라고 분열하며 생물체로 발달하는데 필요한 모든 정보를 담고 있죠. 분자 수준에서 생명을 이해하려면 먼저 DNA를 이해해야 해요.

DNA는 당과 인산, 네 종류의 염기인 시토신, 구아닌, 아데닌, 티민으로 구성된 뉴클레오티드라는 기본 단위가 결합해 만들어진 이중나선 구조로 되어 있어요. 이때 염기가 배열된 순서를 서열이라 하고, 인간의 세포에는 DNA 사슬 하나 하나에 보통 수천만에서 수억 개에 달하는 뉴클레오티드가 들어 있기에 담을 수 있는 정보의 양은 엄청나게 많아요.

모든 염기서열 정보, 게놈

생물이 갖는 모든 염기서열 정보를 게놈(유전체)이라고 해요. 사람 게놈은 32억의 DNA 염기로 구성된 염색체에 들어 있어요.

현대 유전학에서 유전자는 '게놈(genome, 유전체) 서열에서 특정한 위치에 있는 구간으로서 유전형질의 단위가 되는 것'이라고 정의해요. 게놈 서열에서 유전자는 DNA 서열의 일부이며, 조절 구간과 전사 구간, 기타 기능이 부여된 구간 등으로 나눠 구성되죠.

게놈은 한 개체에서 모든 유전자와 유전자가 아닌 부분까지를 포함한 총 염기서열로, 한 생물이 가진 완전한 유전정보의 총합을 말해요. 게놈은 보통 DNA에 저장돼 있으며, 일부 바이러스는 RNA에 저장돼요. 1920년 한스 빙클러 독일 함부르크대 식물학 교수가 유전자(Gene)와 염색체(chromosome)를 결합해 게놈이라는 단어를 처음 만들었어요.

한편 세포 내에서 유전자는 DNA 서열 정보를 가지고 있는 부분으로 '부호화 DNA'라고도 불러요. DNA에서 대부분은 정보가 없는 무작위 서열로 구성돼 있고, 이를 비부호화 DNA 서열이라고 부른답니다.

사람 게놈에서는 1.5%만 단백질을 만드는 DNA 서열이고 약 2만개의 유전자가 단백질을 만들어요. 단백질을 만드는 부위보다 조절하는 부위가 훨씬 더 크고 단백질을 만들지 않고 RNA 만을 만드는 DNA 서열도 계속 밝혀지고 있고 RNA 분자들의 역할도 새롭게 계속해서 밝혀지고 있어요. 하지만 아직도 역할을 모르는

DNA 구조

- P 인
- T 티민
- C 시토신
- A 아데닌
- G 구아닌

DNA 서열이 아주 많아요. 그래서 과학자들은 DNA 서열 일부를 조금씩 없애가면서 생명체가 계속 살 수 있는지를 연구하고 있어요. 사람과 다른 동물을 비교해 보면 DNA 서열이 비슷한 경우가 많은데 이를 이용하여 공통의 조상으로부터 언제 갈라져서 진화하였는지를 확인하는 방법으로 이용하고 있어요.

같은 게놈이지만 활성화되는 유전자 달라

유전자는 생물에게 특정한 형질을 부여해요. 예를 들어 사람 눈과 피부색, 꽃의 색과 열매 모양 등은 생물의 유전자에 의해 결정된답니다. 사람의 세포에 들어 있는 게놈은 모두 같지만 어떤 유전자가 활성화되는가에 따라 세포마다 다른 특성을 나타내요.

예를 들어 코에서는 냄새를 잘 맡는 단백질을, 눈에서는 빛을 잘 감지하는 단백질을, 그리고 적혈구에서는 유전자가 산소를 운반하는 단백질을 만들죠.

사람 게놈은 한 사람의 세포가 가진 32억 쌍 정도인 모든 DNA 염기 서열을 통틀어 말해요. 사람 게놈은 44개(22쌍)의 상염색체와 2개(1쌍)의 성염색체XY 그리고 미토콘드리아 DNA에 나뉘어 유전된답니다.

이 네 가지 염기 배열에 의해서 유전정보가 암호화돼요. DNA의 염기 배열이 사람의 모든 유전자를 해독하는 것을 인간 게놈 프로젝트라 부른답니다.

인류는 사람뿐 아니라 모든 생명체의 게놈 해독에 도전하고 있어요. 이를 통해 궁극적으로 유전자 수준에서 생명을 이해하고, 유전자를 편집해 원하는 생명체를 만들고자 하지요.

제한효소 발견으로 유전 편집 가능성 대두

1970년대에 DNA에서 특정한 염기서열을 인식하고 잘라내는 제한 효소가 발견되면서 유전자 편집 가능성이 처음 열렸어요. 제한효소 중 II형 효소는 특정한 염기서열을 선택적으로 인식하고 그 부위를 정확하게 절단해 유전공학에서 재조합 DNA를 만드는 것에 사용됐어요. 지금까지 3000개 이상의 제한효소가 보고됐고, 800개 이상이 상용화 되었죠.

하지만 제한효소는 인식할 수 있는 염기서열이 3~8쌍 정도로 너무 짧고 종류가 한정돼 있어 제약이 많았어요. 또 제한효소를 유전체 전체에 사용하면 원하지 않는 위치까지 절단하는 경우가 많아 유전체를 편집하는 유전자 가위로는 한계가 너무 많았죠.

다음으로 나온 것이 1세대 유전자 가위인 징크 핑거 뉴클레아제(ZFNs)에요. 손가락 형태의 기다란 고리 모양으로 DNA에 단단하게 결합하는 단백질이죠. 아프리카 발톱개구리에서 처음 발견됐으며, 기다란 고리 모양 중심에 아연 이온이 안정되게 위치하고 있어서 아연 손가락이라고 합니다. 이를 이용하여 존스홉킨스대 박사과정이었던 김양균(현 성균관대 교수), 차주연 박사에 의해 징크핑거 3개를 나란히 연결해 더 긴 단백질을 만들며 염기 인식 범위를 9개로 확대했죠. 그리고 징크 핑거와 DNA를 절단하는 효소인 포크원(FokI) 제한효소와 결합하여 유전자 가위 역할을 할 수 있는 징크 핑거 뉴클레아제를 만들어냈어요.

징크 핑거 영역이 복잡한 유전체에서 특정 염기서열을 인식해 표적을 찾으면, 제한효소 영역이 찾아낸 표적 염기서열을 잘라내요. 처음으로 원하는 유전체를 잘라낼 수 있도록 프로그램할 수 있는 유전자 가위에요. 하지만 목표 유전자에 맞춰 설계하기가 어렵고 비용도 많이 들며 제작과정 또한 복잡했어요. 게다가 엉뚱한 표적을 잘라낼 가능성도 여전했죠.

1, 2세대에서 획기적으로 바뀐 3세대 유전자 가위 크리스퍼

이후 과학자들은 DNA에 결합하는 탈렌 단백질을 활용했어요. 2세대 유전자 가위인 탈렌은 구성하는 아미노산을 바꾸면 결합 대상인 염기서열도 바뀌므로 단백질을 맞춤식으로 바꿀 수 있어요. 17개의 DNA 염기와 결합하는 탈렌도 DNA를 절단하는데 제한효소인 포크원을 사용해요. 탈렌은 징크 핑거 뉴클레아제보다 설계하기 쉽고 비용도 1세대보다는 저렴했어요. 하지만 탈렌 단백질은 크기가 커 세포에 넣기가 쉽지 않았고, 원하지 않는 대상을 잘라낼 가능성도 여전히 남아 있었죠.

이런 상황을 획기적으로 바꾼 것이 3세대 유전자 가위인 크리스퍼(CRISPR)랍니다. 이전까지 나온 1세대, 2세대 유전자 가위와 비교해 매우 간편하고 저렴하며, 정확하게 유전체를 편집할 수 있어 '유전공학의 혁명'을 불러일으킨 기술로 꼽히죠.

크리스퍼를 처음 발견한 시점은 꽤 오래전인 1987년이에요. 대장균을 연구한 일본 연구진이 일정한 간격을 두고 염기서열이 반복되는 회문 구조를 발견했어요. 이 구조 사이에 21개 염기서열이 있었는데, 당시에는 이것에 어떤 의미가 있는지 알아내지 못했죠. 크리스퍼는 규칙적인 간격을 갖고 나타나는 짧은 회문 구조의 반복 서열이라는 내용을 가지고 있어요.

이후 과학자들은 크리스퍼가 세균을 박테리오파지로부터 지키는 역할을 한다는 사실을 밝혀냈어요. 박테리오파지 DNA가 크리스퍼 구조 사이에서 기억하고 있다가 다른 파지가 침입하면 이에 반응하며 막아내는 적응면역(**후천면역**) 기능을 수행한다는 것이에요.

이와 관련된 여러 가지의 카스 단백질이 발견되었는데 이 중에서 카스9를 이용하여 2012년 제니퍼 다우드나 미국 캘리포니아대 버클리 캠퍼스 교수와 에마뉘엘 샤르팡티에 소장이 함께 카스9 단백질이 가위 역할을 하고 RNA가 대상을 판별하는 일을 수행한다는 것을 알아냈어요. 또 카스9 단백질에 결합하는 RNA를 바꾸면 다른 유전자 서열도 원하는 대로 자를 수 있다는 사실도 알아냈지요. 이렇게 해서 3세대 유전자 가위인 크리스퍼가 등장했답니다.

크리스퍼가 등장하면서 기존과 비교해 획기적으로 간편하고 저렴하게 유전자를 편집할 수 있게 됐어요. 또 기존에 유전자를 편집할 수 없었던 다양한 생물에서도 유전자 편집이 가능해졌지요.

유전 질병 치료에 효과적

유전자 가위가 효력을 발휘할 것으로 기대되는 분야가 바로 유전 질병 치료에요. 혈우병과 낫 모양의 적혈구증 등 DNA 때문에 발생하는 유전 질병은 1만 가지가 넘는데, 대부분 완전하게 치료가 되지 않고 다음 세대로 유전 질병이 이어져요. 또 부모가 정상 유전자를 가지고 있어도 자녀에게 돌연변이 유전자가 나타나면서 유전 질병으로 고생할 수도 있지요.

유전 질병을 치료하기 위해 과학자들은 고장난 유전자 대신 정상적인 유전자를 합성해서 약처럼 세포에 투입하는 유전자 치료 방법을 도입했어요. 그런데 이렇게 투입한 합성 유전자가 엉뚱하게 암 유전자를 자극해 암을 유발하는 경우가 발생해요.

하지만 이제는 크리스퍼가 이런 문제를 해결할 것으로 기대돼요. 최근 혈우병 환자로부터 얻은 세포를 크리스퍼 유전자 가위로 바로잡고, 혈우병 인자를 발현하는 세포로 분화시킨 다음 혈우병에 걸린 생쥐에 넣은 실험이 진행됐어요. 그랬더니 아홉 마리 생쥐 중 세 마리가 완치에 가까운 효과를 보였고, 나머지도 일부 치료 효과를 보였죠. 크리스퍼로 혈우병 생쥐를 사람 교정 세포로 치료한 최초 사례에요. 이 방법을 이용해 사람의 유전 질병 치료에 나서면 합성 유전자 방식과 비교해 부작용도 없고 효과적일 것으로 기대되고 있어요.

특히 유전자 가위는 식물과 동물 품종개량에서도 효과적입니다. 유전자 가위가 등장하기 전에는 품종개량을 할 때 외부 유전자를 집어넣거나 방사선을 이용해 무작위로 돌연변이를 일으키는 방법을 주로 사용했어요.

우리나라 1세대부터 3세대까지 독자 기술로 개발

유전자 변형 식품(GMO)은 외부 유전자를 넣어 만든 것이에요. 기존 식물이나 동물 DNA에 새로운 DNA를 추가한 셈이죠. 제초제에 강한 콩이 GMO로 유명한데, 이 콩은 세균에서 제초제에 강한 유전자를 찾아 이를 콩에 집어넣었어요.

그런데 김진수 서울대 화학부 교수 연구진은 DNA를 사용하지 않고, 카스9 단백질과 RNA를 세포에 전달해 최초로 식물 유전자를 교정하는 방법을 개발했어요. 이 방법은 외부 유전자를 넣지 않고 식물 자체가 가진 유전자에 변이를 일으켜 제초제에 강한 유전자가 잘 활동하도록 만들어 이에 강한 콩을 만들 수 있어요. 이 방법은 기존에 자연에서 원하는 형질만 취하는 품종개량(육종) 방식과 비슷해요.

또 다른 것으로 방사능을 쪼이는 방법은 유전자가 수십에서 수백 군

데가 조각났다가 다시 연결되면서 돌연변이가 발생해요. 이때 원하는 형질이 나타날 때까지 진행하게 되는데, 문제는 원하지 않는 형질이 원하는 형질과 섞일 수도 있는 등 예측하기 어려운 변수가 발생한다는 점이에요. 반면 크리스퍼 유전자 가위는 원하는 딱 한 곳만 잘라서 고치기 때문에 정확하고 안전하답니다.

현재 우리나라는 1세대 유전자 가위부터 시작해 2세대, 3세대 유전자 가위까지 모두 독자적인 기술을 이용해 개발했어요. 또 크리스퍼를 이용해 최초로 사람 유전자를 교정해 특허도 출원했어요.

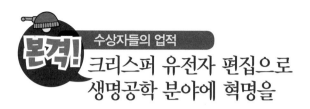

본격! 크리스퍼 유전자 편집으로 생명공학 분야에 혁명을

자유자재 유전자 편집으로 암과 유전병 치료 등 생명과학 혁신 이끌어!

에마뉘엘 샤르팡티에와 제니퍼 다우드나는 유전자 기술에서 가장 뛰어난 도구 중 하나인 크리스퍼 카스9 유전자 가위를 발견한 공로로 2020년 노벨 화학상을 받았어요. 이들이 찾아낸 크리스퍼 유전자 가위를 이용해 많은 연구자가 동물과 식물, 미생물의 DNA를 아주 정밀하게 바꿀 수 있게 됐지요.

덕분에 식물과 동물의 품종개량에 새로운 기회가 생겼어요. 분자 생명과학에 혁명을 가져왔고, 혁신적인 암 치료 가능성을 높이고 있으며, 난치병으로 알려진 유전병을 치료하여 의료 난제를 해결할 것으로 기대되고 있어요. 많은 과학적 연구는 우연에서 시작해요. 목적의식을 가지고 연구를 시작하지만 원래 생각했던 목적과 다른 결과를 얻는 경우가 적지 않죠. 크리스퍼 카스9 유전자 가위도 이런 경우랍니다.

에마뉘엘 샤르팡티에와 제니퍼 다우드나가 스트렙토코쿠스 박테리아의 면역체계를 조사할 때 이들은 새로운 항생제를 개발할 수 있을 것이라는 생각으로 연구를 시작했어요. 그런데 결과는 항생제가 아니고, 유전자를 자유롭게 편집할 수 있는 도구를 찾아냈죠.

병원성 박테리아에 푹 빠진 에마뉘엘 샤르팡티에

2012년에 이들이 크리스퍼 카스9 유전자 가위를 발견하고 어느덧 8년이 지났어요. 그동안 이 유전자 가위가 생명공학을 크게 바꿔 놓았지요. 생화학자와 세포생물학자들은 서로 다른 유전자의 기능과 질병을 어렵지 않게 조사할 수 있어요. 또 연구자들은 한 식물이 몇 가지 특수한 조건에서 잘 성장할 수 있는, 예를 들어 춥고 강수량이 적은 곳에서도 잘 자라는 특성을 식물에 부여하거나, 사람의 건강을 위해서 새로운 암과 유전병을 치료하는 방법을 제시하려고 한답니다.

그림1. 과학자들이 유전자 가위를 사용하면 모든 생물의 게놈을 편집할 수 있어요.
ⓒ스웨덴 왕립과학원

스웨덴 왕립과학원 노벨상위원회 자료에 따르면 에마뉘엘 샤르팡티에 주변 사람들은 그를 박력 있고, 사려 깊으며, 철저하다고 평가했어요. 또 어떤 사람들은 그가 예상하지 못한 것을 찾는 인물이라고 말했지요. 그녀는 프랑스에서 태어나 피에르 마리 퀴리대(UPMC) 생명과학부를 거쳐. 파리에 있는 파스퇴르 연구소에서 박사 학위를 받았어요. 그리고 대학원 시절을 포함해 25년 동안 5개 나라와 7개 도시에서 살았으며, 10개 연구소에서 일할 정도로 한 장소에 오래 머무르지 못하는 연구원이었어요. 이런 환경에서도 그녀는 "기회는 준비된 자에게 온다."라고 한 루이 파스퇴르의 말을 인용할 정도로 새로운 발견을 하고 싶은 열정과 자유롭게 활동하고 싶은 바람을 갖고 살았어요.

많은 환경이 바뀌는 상황에서도 그녀에게 바뀌지 않는 것은 항상 병원성 박테리아와 관련된 연구를 한다는 점이었지요. 병원성 박테리아는 왜 그렇게 공격적일까? 어떻게 하면 항생제에 대한 내성을 키울 수 있는 것일까? 이들의 진행을 멈출 수 있는 새로운 치료법을 찾을 수 있을까? 그녀가 연구하면서 항상 던진 질문이라고 해요.

2002년 에마뉘엘 샤르팡티에가 비엔나 대학에서 연구 그룹을 만들었을 때 그녀는 인류에게 가장 큰 해를 끼치는 박테리아 중 하나인 화농연쇄구균에 초점을 맞췄어요. 이 박테리아는 해마다 수백만 명에 달하는 사람들을 감염시켜 편도선염이나 발기부전 같은 질병을 일으켰어요. 보통은 쉽게 치료할 수 있었지만 때로는 생명을 위협하는 패혈증을 유발하기도 했죠.

샤르팡티에는 화농연쇄구균을 더 잘 이해하려고 박테리아 유전자가 어떻게 조절되는지를 철저하게 조사하기 시작했어요. 이것이 샤르팡티에와 다우드나가 크리스퍼 유전자 가위 발견을 위한 첫 발걸음이랍니다.

호기심 넘치는 제니퍼 다우드나

하와이에서 자란 제니퍼 다우드나는 호기심이 많은 아이였어요. 어느 날 아버지가 제임스 왓슨의 책 『이중나선』을 그녀의 침대 위에 올려놓았어요. 그녀는 책을 읽으며 제임스 왓슨과 프랜시스 크릭이 DNA 분자의 구조를 알아내는 과정에 푹 빠졌죠. 이 책을 통해서 그녀는 과학적인 연구라는 게 단순히 사실을 알아내는 것 이상임을 알게 됐죠. 그리고 과학자가 되어 그녀는 DNA가 아닌 RNA에 열정을 쏟아 연구를 진행했어요.

"크리스퍼를 들은 순간, 잊을 수 없어"

제니퍼 다우드나는 그녀의 책 『크리스퍼가 온다(CRISPR, A Crack in Creation)』에서 "크리스퍼라는 단어를 처음 들은 순간을 절대 잊을 수 없다."라고 말했어요.

다우드나는 2006년 캘리포니아대 버클리 캠퍼스의 스탠리 홀 7층에 있는 사무실에서 동료 교수인 질리언 밴필드 교수로부터 전화를 받았어요. 질리언은 전화로 자신이 크리스퍼 비슷하게 들리는 무언가를 연구하고 있다고 말했죠. 그러면서 RNA 간섭과 크리스퍼 사이에 뭔가 유사점이 있을 것 같다며 함께 논의해보지 않겠냐고 다우드나에게 제의했어요.

이후 질리언은 다우드나와 만나서 크리스퍼 구조를 간단하게 그림으로 보여줬어요. 원으로 세균 염색체를 그리고, 마름모와 사각형이 교대로 이어지는 띠를 원의 한쪽에 그려서 DNA 영역을 표시했어요. 바로 이 영역이 크리스퍼였어요. 질리언은 마름모를 색칠한 뒤 이것이 모두 똑같은 30여 개 DNA 염기로 구성된다고 설명했지요. 이때 다우드나는 '짧은 회문 구조가 간격을 두고 반복되는 형태로 모여 있는' 크리스퍼라는 말을 이해할 수 있었어요. 마름모는 짧은 반복 서열이고, 사각형은 반복 서열을 규칙적으로 끊어주는 간격에 해당하는 서열이에요. 마름모와 사각형 띠는 아무 곳이나 흩어져 있지 않고 염색체의 한 영역에 모여 있었죠.

이때 다우드나는 질리언과 논의하면서 "크리스퍼가 다양한 종에 존재한다면 자연히 크리스퍼에 중요한 역할을 부여했을 가능성이 충분하다."고 생각했어요. 이렇게 다우드나는 질리언과 함께 연구했어요. 그리고 몇 년 뒤 이들은 몇 가지 카스 단백질의 기능을 알아냈죠. 또 이들은 다른 연구자들이 새롭게 발견한 크리스퍼 카스 시스템도 연구했어요. 이들이 만든 유전자 지도에 따르면 박테리아의 면역 체계가 매우 다른 형태를 취할 수 있다는 것을 보여줬죠. 다우드나가 연구한 크리스퍼 카스 시스템은 바이러스를 무장해제하기 위해 다른 카스 단백질이 많이 필요했어요.

반면 다른 크리스퍼 카스 시스템은 단백질을 덜 필요로 해 훨씬 간단했지요. 에마뉘엘 샤르팡티에는 이 다른 크리스퍼 카스 시스템을 연구하고 있었죠. 2009년 샤르팡티에는 스웨덴 북부의 우메오 대학에서 좋은 연구 기회를 얻어 이동했어요. 그는 연구자들과 함께 화농연쇄구균에서 발견한 작은 RNA 지도를 만들었답니다. 이것이 그에게 많은 생각을 하게 했지요. 이 박테리아에 다량으로 존재하는 작은 RNA 분자 중 하나는 아직 알려지지 않은 변종이었는데, 이 RNA 유전자 형태가 박테리아의 게놈에 있는 독특한 크리스퍼 염기서열과 매우 가까웠기 때문이에요. 비슷하다는 점에서 샤르팡티에는 이들이 서로 관련 있다고 생각했어요. 그리고 작고 알려지지 않은 RNA 분자의 한 부분이 반복되는 크리스퍼 부분과 일치한다는 사실을 밝혀냈죠. 완벽하게 맞는 퍼즐 조각 두 개를 찾는 것과 같았어요(그림 2).

샤르팡티에는 처음으로 크리스퍼 연구에 몰두하기 시작했어요. 그리고 화농연쇄구균에서 바이러스 DNA를 잘라내는데 단 한 개의 카스 단백질만 있으면 되는 카스9 시스템을 지도로 만들었죠. 또 그녀는 트랜스 활성 크리스퍼 RNA(tracRNA)라 이름 붙인 미지의 RNA가 결정적인 기능을 하고 있음을 알아냈어요. 게놈의 크리스퍼 서열에서 생성된 긴 RNA가 활성 형태로 성숙하는 것이 필요했어요(**그림 2**).

학회에서 우연히 만난 샤르팡티에와 다우드나

계속 이어진 집중 실험으로 에마뉘엘 샤르팡티에는 2011년 3월에 트레이서 RNA(tracRNA)를 발견했다고 발표했어요. 그녀는 자신이 발견한 크리스퍼 카스9 시스템에 대해서 미생물학과 생화학자와 협력하고

그림2. 화농연쇄구균의 바이러스에 대한 면역체계

바이러스가 박테리아를 감염시키면, 이들은 해로운 DNA를 박테리아로 보내고 이때 박테리아가 감염에서 살아남으면 이때의 기억을 기록하듯 바이러스 DNA의 일부를 박테리아 게놈에 삽입한다. 이 DNA가 다음에 올 새 감염으로부터 박테리아를 보호한다

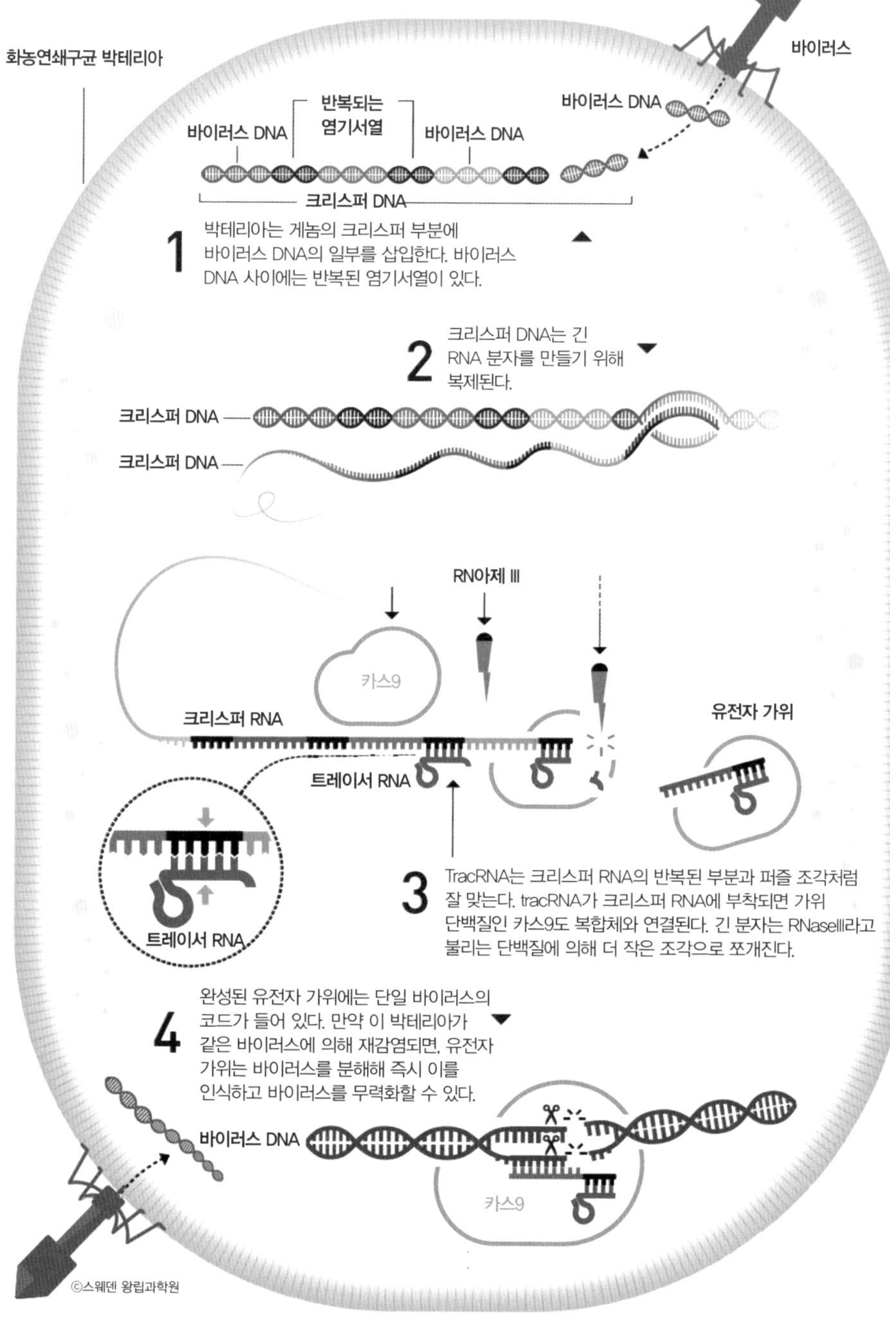

화농연쇄구균 박테리아

바이러스

바이러스 DNA

반복되는 염기서열

바이러스 DNA

바이러스 DNA

크리스퍼 DNA

1 박테리아는 게놈의 크리스퍼 부분에 바이러스 DNA의 일부를 삽입한다. 바이러스 DNA 사이에는 반복된 염기서열이 있다.

2 크리스퍼 DNA는 긴 RNA 분자를 만들기 위해 복제된다.

크리스퍼 DNA

크리스퍼 DNA

RN아제 III

카스9

크리스퍼 RNA

트레이서 RNA

유전자 가위

트레이서 RNA

3 TracRNA는 크리스퍼 RNA의 반복된 부분과 퍼즐 조각처럼 잘 맞는다. tracRNA가 크리스퍼 RNA에 부착되면 가위 단백질인 카스9도 복합체와 연결된다. 긴 분자는 RNaseIII라고 불리는 단백질에 의해 더 작은 조각으로 쪼개진다.

4 완성된 유전자 가위에는 단일 바이러스의 코드가 들어 있다. 만약 이 박테리아가 같은 바이러스에 의해 재감염되면, 유전자 가위는 바이러스를 분해해 즉시 이를 인식하고 바이러스를 무력화할 수 있다.

바이러스 DNA

카스9

싶은 마음이 간절했죠. 이런 상황에서 샤르팡티에는 우연히 제니퍼 다우드나를 만나게 되었답니다.

2011년 봄 다우드나는 미국 미생물학회에 참석하러 푸에르토리코로 갔어요. 학회에 매번 참석하지 않았으나 이때는 크리스퍼에 대한 강연을 요청받고, 공동연구를 진행하는 동료인 존 판데르 오스트를 만날 수 있어서 갔다고 말했어요. 학회 둘째 날 저녁, 다우드나는 강연에 들어가기 전 카페에서 커피를 마셨는데, 존이 구석에서 커피를 마시는 에마뉘엘 샤르팡티에를 소개해 줬어요. 샤르팡티에는 자신의 연구결과를 소개하도록 초청받아 학회에 참석한 상태였답니다.

당시 다우드나는 이름을 듣자마자 샤르팡티에의 논문으로 매우 흥분했던 기억을 떠올렸다고 해요. 다우드나는 샤르팡티에와 말을 나누며 내성적이지만 낙천적이고 시원시원한 사람이라고 느꼈다고 밝혔어요. 이후 서로의 연구를 얘기하던 중 샤르팡티에는 자신이 연구하는 감염된 화농연쇄구균의 유형II 크리스퍼 체계가 어떻게 바이러스 DNA를 조각내는지 궁금하다고 다우드나에게 밝혔어요. 이후 샤르팡티에는 함께 Csn1(카스9)의 기능을 밝혀 보자며 공동연구를 제한했지요.

유전자를 손쉽게 편집할 수 있는 메커니즘 발견

제니퍼 다우드나는 공동연구를 시작하면서 첫 번째 목표는 샤르팡티에 연구진이 할 수 없었던 카스9 단백질을 분리해서 정제할 방법을 찾는 일이었어요. 많은 시행착오 끝에 연구진은 카스9 단백질을 정제해 냈지요. 이들은 카스9가 DNA 분자를 자르는 역할을 할 것으로 기대했어요. 그런데 연구진이 실험했지만 아무 일도 일어나지 않고 DNA 분자는 그대로 남아 있었어요. 연구진은 실험에 문제가 있는지, 카스9가 다른 기능을 하는 것인지 혼란에 빠졌지요.

다우드나와 샤르팡티에 연구진들이 모여 많은 자유 토론을 하고, 실패를 거듭하는 실험도 계속 진행했어요. 그리고 이들은 실험에 트레이서 RNA(tracRNA)를 추가하자는 새로운 결론에 도달했지요. 처음에는 트레이서 RNA가 크리스퍼 RNA를 활성 형태로 분해할 때만 필요하다고 믿었어요(그림 2). 그런데 카스9가 트레이서 RNA에 접근할 수 있게 되면서 모두가 기대했던 DNA 분자가 둘로 잘렸어요. 이렇게 샤르팡티에와 다우드나는 박테리아로부터 유전자를 손쉽게 편집할 수 있는 메커니즘을 발견했답니다.

이어서 연구진은 유전자 가위를 더 단순하게 만드는 방법이 필요하다고 판단했어요. 이들은 트레이서 RNA와 크리스퍼 RNA에 대한 새로운 지식을 이용해 이 둘을 하나의 분자로 융합시키는 방법을 알아냈죠. 그리고 이것을 가이드 RNA라고 이름 지었어요.

연구진은 다우드나 실험실 냉동실에 있는 유전자를 가지고, 이 유전자에서 잘라내야 할 다섯 곳을 지정했어요. 그리고 유전자 가위의 크리스퍼 형태를 잘라내려고 하는 것과 같도록 바꿨죠(**그림 3**). 결과는 환상적이었어요. 선택한 곳의 DNA 분자를 정확하게 자를 수 있었답니다.

유전자 가위가 생명공학의 혁신을 가져오다!

에마뉘엘 샤르팡티에와 제니퍼 다우드나가 2012년 크리스퍼 카스9 유전자 가위를 발견한 뒤에 세계 많은 연구자가 이 유전자 가위를 이용해 쥐와 사람의 세포에서 게놈을 편집하는 데 쓸 수 있다는 증명을 하며, 유전자 가위 기술이 빠르게 발전했어요.

크리스퍼 유전자 가위 이전까지는 생물의 유전자를 바꾸려면 많은 시간과 비용이 드는 것이 현실이었어요. 유전자 가위를 이용해 연구자들이 원하는 게놈을 손쉽게 잘라낼 수 있게 됨에 따라 인류는 잘못된 DNA를 손쉽게 고칠 수 있게 됐어요. 또 원하는 DNA를 손쉽게 만들 수 있다는 가능성도 제시했죠.(그림 3) 크리스퍼 유전자 가위는 사용하기가 상대적으로 쉬워 현재 생명공학 기초 연구에 널리 쓰이고 있어요. 질병이 진행될 때 서로 다른 유전자가 어떻게 작용하는지 이해하고, 실험실에서 동식물의 DNA를 바꾸는 데 사용되고 있죠.

식물 분야에서는 품종개량에 표준 도구로 유전자 가위가 자리 잡았어요. 이전 연구자들이 식물 게놈을 바꾸려고 했을 때 사용한 방법은 항생제에 내성이 강한 유전자를 첨가하는 것이었어요. 그런데 이렇게 하면 해당 식물이 자연에서 성장하면서 항생제 내성이라는 특성을 주변 미생물에게도 확산시킬 위험을 안고 있었죠. 그런데 이제는 유전자 가위 덕분에 게놈을 아주 정확하게 바꿀 수 있어 이렇게 위험한 방법을 사용할 필요가 없어졌어요.

유전자 가위 등장으로 과학자들은 쌀이 흙에서 중금속을 흡수하도록 만드는 유전자를 편집해 카드뮴과 비소를 덜 흡수하도록 바꿔, 이들 중금속 함량이 낮은 쌀 품종을 만들었어요. 또 따뜻한 지방에서 가뭄에 잘 견디는 농작물과 살충제를 써야 해결할 수 있는 곤충과 해충에 강한 농작물도 개발했죠.

유전 질병 치료 희망, 하지만 유전자 가위 규제 필요

의학 분야에서는 유전자 가위를 몸에 있는 세포가 암에 대해서 면역 기능을 갖도록 만들어 암에 대한 새로운 치료법 개발에 나서고 있어요. 또 기존에는 해결할 수 없었던 유전 질병 치료에도 도입되고 있지

그림3. **크리스퍼카스9 유전자 가위**

연구자들은 유전자 가위를 이용해 게놈을 편집할 때 절단할 DNA 형태와
일치하는 가이드 RNA를 인공적으로 제작한다. 가위 단백질인 카스9는 가이드
RNA로 복합체를 만드는데, 가위를 잘라낼 게놈 위치로 가져간다.
ⓒ스웨덴 왕립과학원

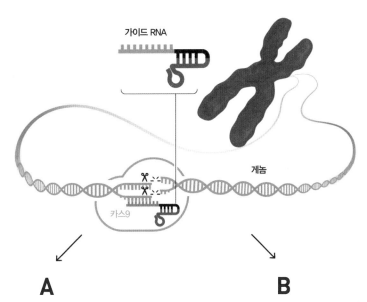

A

연구원들은 세포가 스스로 잘린 DNA를
복구하도록 허용할 수 있다. 대부분은
이렇게 하면 유전자 기능이 꺼진다.

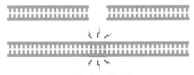

오류 가능성 높은 수리

B

만약 연구원들이 유전자를 수리하거나 편집하기 위해
삽입하고 싶다면, 그들은 특별히 작은 DNA 템플릿을
설계할 수 있다. 세포는 게놈의 절단 부분을 수리할 때
이 템플릿을 사용하기 때문에 게놈 코드가 바뀐다.

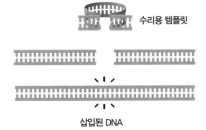

수리용 템플릿

삽입된 DNA

중국 남방과학기술대학에서 '유전자 편집(gene-edited)'을 통해 쌍둥이 여아를 출산했다는 주장이 나와 세계를 놀라게 하고 있다.
©geneticliteracyproject.org

요. 이미 유전적 안과 질병을 비롯해 겸상 세포 빈혈증, 베타 탈라세미아 등 혈액 질병 치료에 크리스퍼 카스9를 활용할 수 있을지 임상시험을 진행하고 있답니다.

과학자들은 뇌와 근육 같은 큰 장기에 있는 유전자를 고치는 방법도 개발하고 있어요. 동물실험에서 특별하게 설계한 바이러스가 원하는 세포에 유전자 가위를 전달하고, 이것이 근위축증 같은 파괴적인 유전병을 치료할 수 있음을 보여줬지요.

과학자들은 유전자 가위가 가져올 이로운 점에 동의해요. 하지만 이것이 오용될 경우 심각한 피해를 가져올 수 있음에도 우려하고 있어요. 대표적인 예로 유전자 가위를 이용해 유전자 변형 배아를 만들 수 있다는 것이죠.

실제로 중국에서 유전자를 바꾼 아이가 태어났어요. 허젠쿠이 중국 남방 과학기술대 교수가 2018년 11월 쌍둥이 여아의 배아를 바꿨다고 발표해 과학계를 충격에 빠뜨렸어요. 그는 쌍둥이들이 후천성면역결핍증(에이즈)에 걸리지 않게 하려고 에이즈 바이러스를 침입하도록 허락하는 유전자를 작동하지 못하게 하는 크리스퍼를 사용했다고 밝혔어요. 이런 이유로 전 세계 대부분의 나라에서는 사람과 동물에 유전자 편집 실험을 진행할 때는 항상 유전자 윤리위원회의 검토와 승인을 받도록 하고 있어요. 중국 선전 난산구 인민법원은 2019년 12월 30일에 허젠쿠이 교수에게 징역 3년과 300만 위안(약 5억 원)의 벌금을 선고했답니다.

한 생물의 멸종은 지구 생물 전체에 영향

유전자 가위 기술을 이용해 모기를 없애는 방법을 찾는 연구도 진행하고 있어요. 그런데 지구에서 모기가 모두 사라지면 모기를 먹고 사는 박쥐가 멸종할 수 있다고 해요. 박쥐가 멸종하면 박쥐와 관계된 다양한 생물이 영향을 받고, 결국 사람에게도 영향을 미치는 것이죠.

이처럼 유전자 가위는 과학자들만의 기술이 아니에요. 유전자 가위로 인한 영향이 우리 모두에게 미치기 때문이죠. 윤리 문제를 처리해야하지만 그보다는 식물과 동물 유전자를 편집해 인류에게 많은 혜택과 장점을 가져올 것으로 보여요. 유전자 가위는 인류가 현재까지 풀어내지 못한 많은 의학적, 생물학적 난제를 풀어내는 도구가 될 거예요.

그런데 위력이 뛰어난 기술일수록 어떻게 어느 정도까지 사용할 수 있는지에 대한 법적 기준이 필요해요. 파괴력이 뛰어난 원자력 기술을 세계가 규제 기관을 만들어 통제하듯이 생명체에 가져올 파급력이 엄청난 유전자 가위도 사회적 합의를 통해 법과 윤리 기준을 충족하는 방식으로 사용에 제한이 필요한 거죠.

에마뉘엘 샤르팡티에와 제니퍼 다우드나는 힘을 합쳐 생명공학에 혁명을 가져오는 생화학적 도구를 개발한 것이에요. 이들은 이전까지 생각할 수 없었던 미래에 대한 상상을 가능케 하고 있어요. 인류는 유전자 가위를 통해 새로운 미래를 만들어갈 것이라 확신합니다.

확인하기

2020 노벨 화학상을 수상한 과학자들이 이룬 성과와 업적에 관한 이야기를 잘 읽었나요? 에마뉘엘 샤르팡티에는 박테리아를 연구하며 알려지지 않은 트레이서 RNA 분자를 발견하고, 크리스퍼 가위로 DNA를 분리할 수 있음을 보여줬어요. 제니퍼 다우드나는 샤르팡티에와 함께 연구하여 박테리아 유전자 가위를 사용하기 쉽게 만들고, 재프로그래밍해 어떤 DNA 분자라도 잘라서 편집할 수 있음을 증명했답니다. 이들의 노력을 친구들이 잘 이해했는지, 문제를 풀면서 확인해 보세요!

01 다음 중 2020 노벨 화학상과 관계가 가장 적은 인물을 고르세요.
  ① 에마뉘엘 샤르팡티에
  ② 질리언 밴필드
  ③ 스탠리 휘팅엄
  ④ 제니퍼 다우드나

02 모든 세포와 생물이 가지고 있는 것으로, 유전의 기본 단위로 세포를 구성하고 유지해요. 세포가 유기적으로 관계를 만들어 가는데 필요한 정보를 담고 있는 이것은?
  ① 단백질
  ② 유전자
  ③ 탄수화물
  ④ 에너지

03 7년 동안 완두콩 실험을 이용해 유전법칙을 발견한 인물은?
① 휴고 드 브리스
② 빌헬름 요한센
③ 그레고르 멘델
④ 프레더릭 그리피스

04 과학자들은 많은 연구를 통해서 유전물질이 이것으로 이루어져 있다는 사실을 알아냈어요. 이것은 무엇일까요?
① 미토콘드리아
② 게놈
③ RNA
④ DNA

05 다음 빈칸에 알맞은 단어를 고르세요. 1953년 4월 25일《네이처Nature》에 미국인 제임스 왓슨과 영국인 프랜시스 크릭이 DNA의 (   )를 밝힌 짧은 논문이 게재됐어요. 900자 정도로 2쪽 분량으로 작성된 논문인 「핵산의 구조: 디옥시리보 핵산DNA에 대한 구조」는 20세기 과학에서 최대 업적의 하나로 평가받고 있답니다.
① 일중나선 구조
② 이중나선 구조
③ 삼중나선 구조
④ 사중나선 구조

06 다음 중 DNA를 구성하는 염기가 아닌 것은?
① 인산
② 구아닌
③ 사이토신
④ 아데닌

07 다음 중 처음으로 유전자 편집 가능성을 보여준 것은?
① 제한효소
② 징크핑거
③ 탈렌
④ 크리스퍼

08 다음 설명 중 잘못된 것을 고르세요.
① 바이러스가 화농연쇄구균 박테리아를 감염시키면, 해로운 DNA를 박테리아로 보낸다.
② 바이러스에 감염된 박테리아가 살아남으면 바이러스 DNA의 일부를 박테리아 게놈에 삽입한다.
③ 박테리아에 삽입한 바이러스 DNA가 다음에 올 새 감염으로부터 박테리아를 보호한다.
④ 화농연쇄구균은 바이러스에 대한 면역 체계를 가지고 있지 않다.

09 다음 중 빈칸에 들어갈 알맞은 말을 고르세요. 샤르팡티에와 다우드나 연구진은 유전자 가위를 더 단순하게 만드는 방법이 필요하다고 판단했다. 이들은 트레이서 RNA(tracrRNA)와 크리스퍼 RNA에 대한 새로운 지식을 이용해 이 둘을 분자 하나로 융합시키는 방법을 알아냈다.
그리고 이것을 (   )라고 이름 지었다.
① 크리스퍼 RNA
② 크리스퍼 DNA
③ 가이드 RNA
④ 가이드 DNA

10 다음 중 옳은 설명을 고르세요.
   ① 탈렌은 징크 핑거 뉴클레아제보다 설계하기 쉽지만 비용은 1세대 유전
     자 가위보다 많이 든다.
   ② 크리스퍼는 규칙적인 간격을 갖고 나타나는 짧은 회문 구조의 반복 서
     열이라는 뜻을 갖고 있다.
   ③ 탈렌 단백질은 크기가 작아 세포에 넣기 쉽고, 원하지 않는 대상을 잘라
     낼 가능성도 적다.
   ④ 크리스퍼 유전자 가위는 기존과 비교해 획기적으로 간편하다. 하지만
     유전자 편집에 기존보다 비용이 많이 든다.

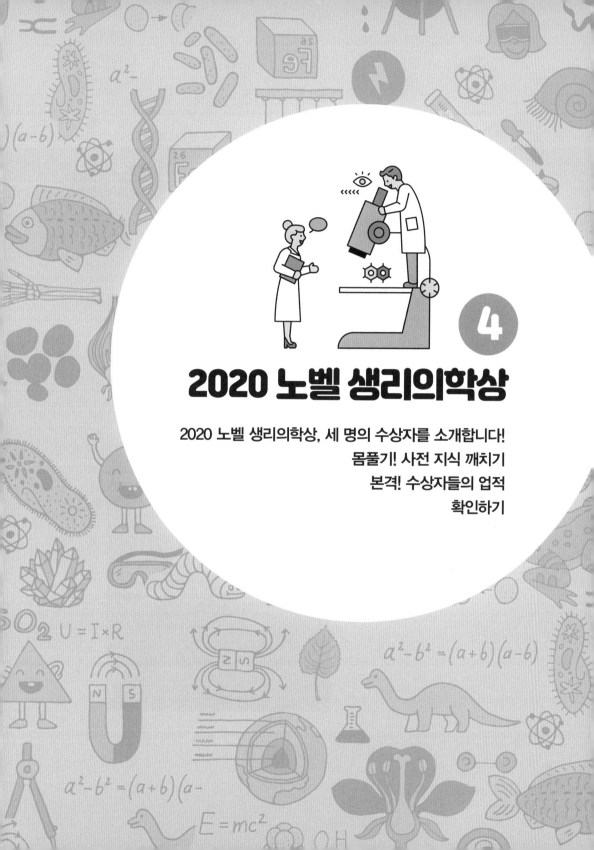

4

2020 노벨 생리의학상

2020 노벨 생리의학상, 세 명의 수상자를 소개합니다!
몸풀기! 사전 지식 깨치기
본격! 수상자들의 업적
확인하기

"FOR THE GREATEST
BENEFIT TO HUMANKIND"

ALFRED NOBEL

2020 노벨 생리의학상,
세 명의 수상자를 소개합니다.
– 하비 올터, 마이클 호턴, 찰스 라이스

　　2020년 노벨 생리의학상은 인류의 건강을 위협하는 C형 간염 바이러스의 정체를 밝힌 3명의 과학자에게 돌아갔습니다. 하비 올터 미국 국립보건원 부소장, 마이클 호턴 캐나다 앨버타대 교수, 찰스 라이스 미국 록펠러대 교수가 그 주인공들입니다.

　　이들은 간경변증과 간암을 유발하는 주요 원인인 혈액 매개에 의한 간염 퇴치에 결정적으로 공헌한 공로를 인정받았어요. 노벨상 선정위원회는 "C형 간염 바이러스의 발견은 바이러스성 질병과의 전쟁에서 획기적인 성과"라고 밝혔답니다. 세계인의 건강을 위협하는 C형 간염 바이러스 연구를 통해 간염을 극복하고 세계인의 건강 개선에 이바지했다는 평가예요.

　　올터 부소장은 미국 국립보건원에서 근무하며 당시 알려져 있던 A형 간염이나 B형 간염과는 다른 형태의 간염이 수혈을 통해 발병하는 사례를 발견했어요. 그는 연구를 통해 A형도, B형도 아닌 새로운 간염 바이러스가 있다는 사실을 규명했어요.

　　호턴 교수는 이 새로운 간염에 걸린 침팬지 혈액의 핵산에서 DNA를 분석, 감염을 일으키는 바이러스의 정체를 규명했고, 여기에 C형 간염 바이러스라는 이름을 붙였지요. 이어 라이스 교수는 이 바이러스가 독자적으로 C형 간염을 일으킬 수 있다는 사실을 증명하여 C형 간염 바이러스 연구의 마지막 퍼즐을 맞춘 셈이에요.

　　이로써 우리는 C형 간염을 일으키는 바이러스에 대한 지식을 갖게

" C형 간염 바이러스 정체 밝히다 "

하비 올터
1935년 미국 뉴욕 출생
1960년 로체스터대 의대
1969년 미국 국립보건원 수혈의학부서 선임 연구원
1987년 미국 국립보건원 클리니컬센터 수혈의학부서 부소장
2000년 라스커상 수상
2013년 게어드너재단 국제상 수상

마이클 호턴
1949년 영국 출생
1972년 이스트앵글리아대 졸업
1977년 킹스칼리지 생화학 박사
1982년 카이론코퍼레이션
2000년 라스커상 수상
2010년 캐나다 알버타대 리카싱 바이러스학 교수

찰스 라이스
1952년 미국 새크라멘토 출생
1974년 캘리포니아주립 데이비스대 졸업
1981년 캘리포니아공과대 생화학 박사
1986년 워싱턴대 의대 교수
2001년 록펠러대 교수
2015년 로베르트 코흐상 수상
2016년 라스커상 수상

되었고, 이를 바탕으로 감염 여부를 판정하는 정밀한 혈액 진단 기술과 치료제를 개발할 수 있게 되었어요. 세계적으로 7000만 명이 앓고 있고, 매년 40만 명의 사망자를 내는 C형 간염을 이겨낼 수 있는 길을 연 것이랍니다.

몸풀기! 사전지식 깨치기

간은 어떤 일을 하나?

간은 우리 몸의 대사 작용을 담당하는 중요한 기관이죠. 탄수화물과 단백질, 아미노산, 지방 등 여러 가지 필수적인 대사 작용이 간에서 이뤄지고 있어요. 해독과 살균 작용도 일어나지요. 생명체는 대사 작용을 통해 영양물질을 분해하고 합성해 생명활동에 필요한 물질과 에너지를 생성합니다. 또 필요 없는 물질을 몸 밖으로 내보내기도 하지요.

간은 탄수화물 대사를 통해 생명유지에 필요한 에너지를 공급해요. 포도당이나 아미노산, 글리세린 등을 대사를 통해 글리코겐 형태로 저장하지요. 글리코겐은 나중에 다시 포도당으로 바뀌어 활동하는데 필요한 에너지를 발생시킵니다. 간이 안 좋으면 혈당 조절에 문제가 생기는 이유가 이것 때문이에요.

단백질 합성도 간이 하는 일이에요. 간에서 만들어지는 알부민이라는 단백질은 혈장 안의 이온, 호르몬, 지방산 등을 세포 조직에 전달하고 혈장의 삼투압을 유지합니다. 간 질환을 심하게 앓는 환자는 복수가 차서 배가 부풀어 오르는 경우가 많이 있죠. 알부민 부족으로 혈장 삼투압에 문제가 생기면서 피의 성분 중 일부가 혈관에서 빠져 나와 배에 고이기 때문이에요. 피를 굳히는 혈액응고인자도 간에서만 생성되고 있지요.

간은 지방과 비타민을 저장해 필요한 때 쓸 수 있게 하기도 합니다. 간은 남는 탄수화물을 지방으로 바꾸어 저장해 두는데, 이는 나중에 영양 공급이 부족해질 때 유용하게 쓰여요. 물론 영양 공급이 충분한 현대인들에게는 비만의 원인이 되기도 하지요. 간이 비타민A와 비타민D 등 일부 비타민 성분을 저장해 두기 때문에 비타민 공급이 끊겨도 몇 개월은 버틸 수 있어요. 호르몬도 역할을 다한 후에는 간에서 분해되지요. 만약 간에 이상이 생겨 성호르몬 대사가 제대로 안 되면 여성은 생리 불순, 남성은 여성형 유방증(**여유증**) 같은 증상이 나타날 수도 있어요.

해독과 살균도 간의 중요한 역할입니다. 해독은 몸에서 생기거나 외부에서 들어온 지용성 물질을 수용성으로 바꿔 쓸개즙이나 소변을 통해 배출하는 것을 말해요. 간에서 만드는 '보체'(**정상동물의 신선한 혈액·림프액 속에 함유된 효소 모양 단백질의 일종**)라는 물질은 병원체를 공격해 신체를 보호해요. 또한 간이 만드는 감마글로불린은 항체에 존재하며 면역기능에 중요한 역할을 하지요. 간에 있는 대식세포는 세균과 바이러스를 잡아먹어요.

간염이란?

간은 이렇게 여러 가지 중요한 역할을 하는 장기에요. 하지만 문제가 생겨도 자각증상이 거의 없어 좀처럼 이상을 알아차리기 힘든 신체 부위이기도 하지요. 그래서 간에 문제가 생기지 않도록 미리 조심하고 좋은 생활 습관을 유지할 필요가 있어요.

그런 의미에서 주의해야 할 질병이 간염이에요. 일상에서 흔하게 걸리기 쉬운 질병이고 다른 더 위험한 간 질환으로 발전할 가능성이 크기 때문이에요.

간염은 말 그대로 간에 염증이 생기는 질병이에요. 염증이 간세포를 파괴해 문제를 일으키는 것이죠. 간염에 걸려도 가벼운 증상만 겪고 지나가는 경우도 많지만, 일부 사람들에게는 심각한 문제를 일으키기도 해요. 발열, 메스꺼움, 식욕부진, 설사, 불면증, 복통, 황달 등의 증상을 동반하지요.

주로 간염을 일으키는 바이러스에 의해 전파된답니다. 간염바이러스에 오염된 물이나 음식물로 인해 또는 바이러스에 감염된 피를 통해 감염되는 경우가 대부분이에요. 또 술을 지나치게 많이 먹어도 알코올성 간염에 걸릴 수 있어요. 그 외에 약물이나 자가면역 이상으로 걸리는 경우가 있습니다.

바이러스에 의해 갑작스레 증상이 나타나는 급성간염과 급성간염에 걸린 후 간 기능이 회복되지 않고 6개월 이상 진행되는 경우를 말하는 만성간염으로 나누기도 해요. 세계보건기구(WHO)는 간염을 일으키는 바이러스를 A형에서 E형까지 크게 다섯 가지로 분류했어요. 이들은 모두 간염 증상을 일으킨다는 점에서는 같지만 감염경로나 증상의 심각성, 주요 발병 지역, 예방법 등에서 차이가 있지요.

주변에서 많이 접하는 것은 A형과 B형, C형 간염일 것이에요. A형 간염은 오염된 물이나 음식에 접촉해 전염되지요. 경구성 전파라고 하는 것이에요. 우리나라의 경우, 여러 사람이 같은 그릇에 담긴 찌개를 먹는다거나 회식자리에서 술잔을 돌리는 풍습이 문제가 되었어요. 그래서 요즘은 이런 회식 분위기는 거의 사라졌죠. 보통 단기적으로 증상을 일으키고 지나가는데, 일부 환자의 경우 사망에 이를 정도로 심각한 문제를 일으키기도 한답니다.

반면 B형과 C형 간염은 만성간염으로 진행되는 경우가 많아요. 만성간염에 걸리면 간 조직이 딱딱하게 굳는 간경변증이나 섬유증, 간암 등 심각한 간 질환으로 이어지는 경우가 많아요. 그래서 A형 간염보다 더 위험하지요. 이들 두 간염은 혈액을 매개로 전염된답니다. 수혈이나 오염된 주사기로 인해 옮을 수도 있고, 손톱깎이처럼 출혈 가능성이 있는 생활용품을 같이 사용하다 걸리기도 하지요. 문신이나 침술, 피어싱 시술을 통해 옮기는 경우도 적잖이 있다고 해요. 다른 사람의 피가 묻을 수 있는 환경에서는 최대한 조심해야 할 필요가 있어요.

C형 간염 바이러스의 또 하나 특징은 코로나19 바이러스와 같이 RNA를 유전자로 갖는 RNA 바이러스라는 점입니다. RNA 바이러스 중 종양을 일으키는 몇 안 되는 바이러스의 하나이지요.

D형 간염은 B형 간염에 걸린 사람에게만 발견되며, 두 유형의 바이러스에 모두 감염되면 급성 간 질환 등 위험 증세가 나타날 수 있어요. 다행히 B형 간염에서 D형 간염으로 발전하는 경우는 드물어요. E형 간염은 A형 간염과 비슷하게 경구적으로 감염되며, 임산부에게 위험한 것으로 알려져 있어요. A형과 B형 간염은 치료제와 백신이 개발되고 감염 예방을 위한 생활습관 등에 대한 홍보가 많이 진행되면서 선진국에서는 어느 정도 안정적으로 해결된 질병이라 할 수 있어요. 그리고 지금은 아직 백신이 없는 C형 간염 연구가 한창 진행 중인 것이고요.

간염의 위험성

B형 간염과 C형 간염은 간경화, 간암, 기타 간 관련 전염병의 가장 대표적 원인이에요. 의료환경이 좋지 않고 치료제와 백신에 접근하기 어려운 저개발국가에서는 간염이 심각한 보건 위협이 되고 있어요.

WHO는 세계적으로 약 3억 2500만 명이 B형과 C형 간염 바이러스 보균자일 것으로 보고 있어요. 이들 대다수는 적절한 진단 검사나 치료를 받기 어려운 환경에 처해 있어요.

혈액을 매개로 한 간염은 후천성면역결핍증(AIDS)을 일으키는 HIV 바이러스(**인간 면역 결핍 바이러스**)나 결핵 같은 질병과 함께 세계적 수준의 공중보건 문제로 여겨지고 있답니다. 간염은 비교적 쉽게 전파되어 많은 환자가 있으며, 더 심각한 질환으로 이어지는 징검다리 역할을 하지만, 위생적 환경에서 적절한 치료를 받으면 극복할 수 있기에 공중보건 차원에서 노력이 집중되는 질병 중 하나에요.

간염은 선진국과 개발도상국 상관없이 세계적으로 상당한 수준의 의료비 지출을 일으키는 질병이기도 하지요. 1997년 한 연구에 따르면 A형 간염 환자 한 명당 6900달러의 비용이 발생하고, 연간 5억 달러의 A형 간염 관련 의료 지출이 일어났다고 해요. 아시아 국가에서는 B형 간염 문제가 상대적으로 더 큰 편이에요. 우리나라에서도 과거 B형 간염으로 인한 사회적 비용이 만만치 않았답니다. 1997년에는 우리나라 의료 지출의 3.2%가 B형 간염으로 인한 것이었어요. 당시 총비용은 9억 9600만 달러에 달했어요. 또한 C형 간염 환자는 의료보험 지출을 더 많이 일으킨다는 연구도 있었지요. 미국에서 C형 간염 환자 한 명에 한 달 평균 691달러의 비용이 발생하며, 간경변증이 심해짐에 따라 이 비용이 2배에서 5배까지 늘어나는 것으로 나타났어요. C형 환자로 인한 사회적 비용은 연간 65억 달러로 추산된답니다.

WHO 연구에 따르면 백신 접종과 진단 검사 확대, 적절한 치료와 예방 교육이 이뤄지면 2030년까지 개발도상국에서 간염으로 인한 사망자를 450만 명 정도 줄일 수 있다고 전망하고 있어요. WHO는 2016

년에서 2030년 기간 동안 세계적으로 간염바이러스 신규 감염자는 90%, 사망자는 65% 줄인다는 목표로 세계 각국 정부와 함께 간염 추방 활동을 벌이고 있어요.

특히 C형 간염은 치료제와 백신이 개발된 A형 및 B형 간염과 달리 아직 백신이 나오지 않았어요. 세계적으로 7000만 명이 C형 간염에 걸린 상태이고, 사망자는 매년 40만 명이 넘는 것으로 추산되고 있지요.

만성간염으로 발전할 가능성이 크다는 것이 C형 간염의 특징입니다. 감염자 5명 중 무려 3~4명이 만성으로 진행된다고 해요. 당연히 간경변증이나 간암으로 이어질 가능성도 크다고 해요. 이들 간 질환 환자의 10~15% 정도가 C형 간염바이러스 때문이라고 추정하고 있어요. 감염 초기에는 증상이 없는 경우가 대부분이라 감염 후 20~30년이 지나서 만성간염, 간경변증, 간암 진단을 받고서야 비로소 감염 사실을 알게 되는 경우도 종종 있지요.

우리나라도 상황은 비슷해요. 우리나라 C형 간염 환자는 약 30만 명이지만, 이 중 20% 정도만 감염 사실을 알고 제때 치료를 받은 것으로 보건복지부는 추정하고 있어요. 우리나라 C형 간염 환자 수는 2015년 4만 3500명에서 2017년 4만 7976명으로 늘었으며, 매년 2.5%씩 늘고 있어요. 전체 환자의 90% 이상이 40대 이상 중년이라고 합니다.

진단과 예방

간염이 의심되면 검사를 꼭 받아야 합니다. 혈액 검사에서 간염 바이러스나 이들 바이러스에 대한 항체가 검출되면 간염으로 진단받게 되죠. 보통은 질환의 심각성을 파악하기 위해 초음파 검사나 조직 검사를 받기도 하지요.

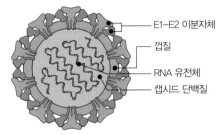

C형 간염바이러스

세계적으로 7000만 건 이상 발생하며, 매년 40만 명이 이로 인해 사망한다. 간 이식 수술의 주요 원인이다.

E1-E2 이분자체

껍질

RNA 유전체

캡시드 단백질

플라비바이러스과 / 헤파시비루스속

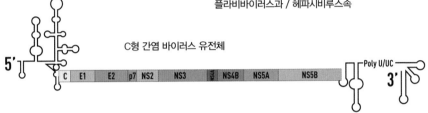

C형 간염 바이러스 유전체

5′ C E1 E2 p7 NS2 NS3 NS4A NS4B NS5A NS5B Poly U/UC 3′

간 기능 수치가 높거나, 수치가 정상이라도 조직 검사 결과 염증이나 조직의 섬유화가 심하다면 치료를 받아야 하지요. 병원에서 치료는 간염의 유형에 따라 적절한 투약과 휴식 등을 통해 받을 수 있어요. 대부분 경과는 나쁘지 않으나 일부 만성으로 이어지기도 하지요.

간염에 걸리고 치료하는 것보다는 간염에 걸리지 않도록 미리 예방하는 생활습관을 갖는 것이 더 좋겠지요. 간염바이러스에 오염된 물이나 음식물, 혈액 등에 노출되는 환경을 피하는 것이 좋습니다. 여러 사람이 각자 숟가락으로 같은 그릇의 국을 먹거나 하는 일은 안 하는 것이 낫겠죠?

다른 사람의 피에 노출될 가능성이 있는 행동도 피해야 해요. 보통 간염 환자의 피에 오염된 주사기를 재사용하거나, 수혈을 받다가 간염에 걸리는 경우가 많았어요. 우리나라에서도 2015년 서울의 한 병원에서 주사기를 재사용하다가 C형 간염 집단 감염 사건이 벌어지기도 했어요. 헌혈의 경우 요즘은 헌혈 전 미리 검사를 받기에 이런 경로로 간염에 걸리는 일은 거의 사라졌어요. 뒤에 다시 언급하겠지만, 수혈에 의한 간염 전염을 걱정하지 않을 수 있게 된 데에는 2020년 노벨 생리의학상 수상자들의 공도 크답니다.

다만 피어싱이나 문신 같은 시술을 하다 오염된 혈액에 노출되거나 손톱깎이를 여러 사람이 쓰다가 감염되는 사례도 있어요. 간염에 걸리는 또 하나의 경로는 환자인 어머니가 낳은 아기의 경우에요. 이러한 이유로 임산부는 간염도 조심해야 할 필요가 있답니다.

또 대부분 질병에 해당하는 이야기지만, 술과 담배를 끊어야 해요. 술을 마시면 간 기능에 무리를 주고, 간암 등 간 질환 발생을 촉진해요. 담배도 모든 장기에 암을 일으킬 수 있어 백해무익한 것이지요.

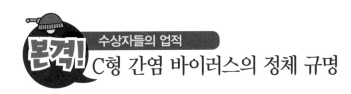

C형 간염 바이러스의 정체 규명

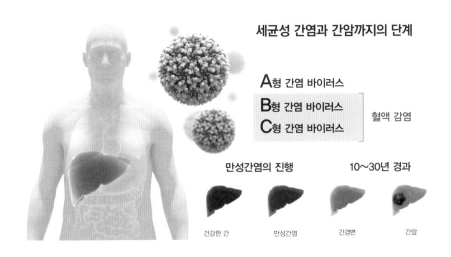

세균성 간염과 간암까지의 단계

A형 간염 바이러스
B형 간염 바이러스
C형 간염 바이러스

혈액 감염

만성간염의 진행   10~30년 경과

건강한 간   만성간염   간경변   간암

　　올터와 호턴, 라이스의 연구는 C형 간염바이러스의 정체를 알아내
는데 큰 공헌을 했어요. 이들은 각각 그간 알려지지 않았던 새로운 간
염바이러스의 존재 가능성을 밝히고, 그 정체를 실제로 규명했으며, 나
아가 이 바이러스가 실제로 피를 매개로 감염되어 C형 간염을 일으킨
다는 사실을 증명했어요. 이들이 공동으로 연구를 한 것은 아니고, 선배
연구자들의 성과를 바탕으로 각자 자신의 영역에서 연구한 성과들을
조합하여 C형 간염바이러스에 대한 총체적 이해를 할 수 있게 된 것이
지요. 감염병의 치료제나 백신을 만들려면 먼저 그 병을 일으키는 바이
러스에 대해 잘 알아야 해요. 2020년 노벨 생리의학상 수상자 3인의 연
구는 인류의 건강을 위협하는 주요 질병 중 하나인 간염에 대해 더 잘

이해하고 치료제를 개발하는 기반이 되었어요. 좀 더 건강한 세계로 가기 위해 큰 발걸음을 뗀 것이지요.

인류와 간염의 싸움은 역사가 깁니다. 간염은 이미 기원전 400년 그리스 시대의 의사 히포크라테스의 기록에도 남아 있어요. 하지만 감염 경로는 잘 알려지지 않았지요. 1943년 수혈을 받다 간염에 걸리는 사례들이 보고되었어요. 수혈이 간염의 매개체가 될 수 있다는 사실을 인식하기 시작한 것이지요. 1940년대에 들어 적어도 두 가지 유형의 전염성 간염이 있다는 사실이 명확해졌어요. 오염된 물이나 음식을 통해 전염되는 A형 간염과 혈액을 매개로 옮기는 B형 간염이에요.

이 같은 지식을 바탕으로 1965년 미국 국립보건원에 근무하던 의학자 바루크 블룸버그에 의해 B형 간염바이러스가 발견되었습니다. B형 간염바이러스가 무엇인지 알게 되었기 때문에 이제 이 바이러스를 진단해 감염 여부를 파악하고, 바이러스의 특징을 연구해 치료제도 만들 수 있는 길이 열렸답니다. 그의 발견은 B형 간염 치료제와 백신 개발로 이어졌어요. 블룸버그는 이 공로로 1976년 노벨 생리의학상을 받았어요. (그러니까 B형 간염 극복에 공헌한 공로로 노벨상 수상자가 탄생한 후 한 세대에 해당하는 35년이 지난 후인 2020년 C형 간염 극복의 공로로 노벨상 수상자가 나온 것이지요.)

이즈음 그간 알려진 A형이나 B형도 아닌 새로운 종류의 간염 바이러스가 있음을 감지한 사람이 있었어요.

올터, 새로운 간염 바이러스가 있음을 발견하다!

당시 올터는 미국 국립보건원 수혈의학부에서 일하며 수혈을 받은 후 간염에 걸린 환자에 대해 연구를 하고 있었어요. B형 간염바이러스가 1965년에 발견된 데 이어 1973년 역시 미국 국립보건원에서 일하던 스티븐 파인스톤과 로버트 퍼셀에 의해 A형 간염바이러스도 발견되면서, 수혈 과정에서 간염바이러스에 감염되는 사례가 크게 줄던 시기였어요. 이들 바이러스의 정체가 드러남에 따라 진단하는 기술도 만들 수 있었기 때문이었어요. 헌혈 전 혈액의 바이러스 오염 여부를 미리 확인할 수 있게 됨에 따라 수혈을 통한 간염 전파의 위험은 크게 낮아졌지요.

1960년대에 수혈을 받은 후 간염에 걸릴 확률은 20%를 넘었어요. 더 큰 건강의 위협을 해결하기 위해 간염에 걸릴 위험을 무릅쓰고 수혈을 받으며 수술을 하는 것이었죠. 1970년대가 되어서는 바이러스 발견과 진단 기술 개발에 힘입어 이 확률은 8%로 뚝 떨어졌어요. 그러나 이는 여전히 8%의 사람이 수혈을 통해 간염에 걸리고 있다는 말이기도 하지요. A형, B형도 아닌 전혀 알려지지 않은 간염 바이러스에 의해 말이지요. 결코 작은 수치가 아니었어요.

올터는 미국 국립보건원에서 일하며 A형이나 B형에 해당하지 않는 간염 환자들을 여럿 접했어요. 그는 환자의 혈액 표본을 꼼꼼히 쌓아두는 것으로 유명했지요. 그는 자신의 방대한 규모의 혈액 표본을 바탕으로 파인스톤 및 퍼셀과 공동연구를 수행했어요. 그 결과 1975년 B형 간염이 아닌 간염 환자 중 상당수가 A형 간염 바이러스나 다른 알려진 바이러스에 감염된 것이 아니라는 사실을 알게 되었어요. 이 병원체는 혈액을 매개로 전염된다는 점에서는 B형 간염과 비슷했으나, 만성 간염으로 진행될 확률이 훨씬 크다는 차이가 있었어요. 더구나 이 간염은 오랫동안 증상을 보이지 않다가 상황이 심해진 후에야 병에 걸렸음을 알게 되는 경우가 대부분이라 더 심각한 문제가 되었지요.

올터는 A형도, B형도 아닌 이 새로운 유형의 간염에 'NANB(non-A,

non-B)간염'이라는 이름을 붙였어요.

올터는 이 새로운 유형의 간염 환자의 피를 침팬지에게 주입하는 실험을 통해 침팬지에게 이 병을 옮길 수 있다는 사실을 보여주었지요. **(침팬지는 인간을 제외하고 C형 간염에 걸리는 유일한 동물이지요.)** 이로써 이 새로운 간염을 연구하기 위한 동물 모델을 만들 수 있게 되었어요. 간세포가 이 병원체에 노출된 후 어떤 변화를 보이는지를 확인할 수 있고, 전통적인 바이러스학 연구 방법을 써서 병원체의 특성을 파악할 길도 열렸어요. 다만, 침팬지같이 '값비싼' 동물로 연구 모델을 만들어야 한다는 사실은 C형 간염 연구와 치료제 개발의 진척을 막는 장애물이었지요.

또 이 알려지지 않은 병원체가 바이러스의 성질을 갖고 있다는 사실도 밝혔어요. 올터와 퍼셀은 혈장에 이 병원체가 얼마나 포함되어야 감염이 되는지 파악하고 이 표본들을 다양한 방법으로 처리해 보았지요. 그 결과, 이 병원체가 모든 '껍질보유 바이러스'(enveloped virus)의 공통 특징인 필수 지질을 갖고 있음을 확인했어요. 바이러스의 지름은 대략 30~60 나노미터라는 것도 알아냈지요.

그러나 이 병원체의 정확한 정체를 밝히려는 노력은 전반적으로 빨리 이뤄지지 못했어요. 그래서 진단 기술도 찾을 수 없었고, 환자와 의료진들은 여전히 수혈 등 피를 다루는 과정에서 위험을 감수할 수밖에 없었지요.

호턴, 바이러스의 정체 밝혀내다!

아마도 올터는 자신이 발견한 바이러스가 'A형도, B형도 아닌 (NANB)'이라는 애매한 꼬리표를 이렇게 오래 달고 있게 되리라고는 생각 못 했을 것 같아요. A형과 B형 간염바이러스를 발견하는데 사용한 기법을 써서 이 바이러스의 정체를 규명하려는 노력이 과학계에서 이어졌지만, 10년 이상 성과를 내지 못했어요. 바이러스를 간염 환자에게서 분리해 배양하는 일이 쉽지 않았기 때문이에요.

이 바이러스의 정체를 밝히려는 과학자 중에는 당시 키론 코퍼레이션이라는 생명공학 기업에서 일하던 영국 태생 과학자 마이클 호턴도 있었어요. 1982년, 그는 감염된 침팬지에서 채취한 상보적 DNA(**cDNA**) 라이브러리를 조사하는 분자생물학적 방법을 적용해 바이러스의 정체를 찾아보겠다는 생각을 하게 되지요.(**상보적 DNA는 특정 단백질을 만드는 유전자 등 의미 있는 유전자 정보만 갖도록 합성한 DNA를 말합니다.**) 처음에는 그리 성과가 없었고, 검출된 DNA는 대부분 숙주 침팬지 자신의 유전자 정보였어요. 그래서 건강한 침팬지의 간세포에도 모두 있는 DNA 서열은 제거하고 감염과 관련된 부분만 증폭해 연구하려 했지만, 이 역시 성공하지 못했지요.

호턴은 키림 추와 조지 쿠오 등 동료 연구자와 함께 새로운 면역 검사(**immune-screening**) 기법을 써 보기로 했어요. 생물체가 바이러스에 감염되어 병에 걸리면 몸 안에 항체를 만든다는 사실을 이용, 간염 환자의 항체를 조사해 거꾸로 바이러스에 대해 알아내려는 시도였지요.

연구진은 NANB형 간염에 걸린 침팬지의 혈청에서 분리한 RNA로 상보적 DNA 라이브러리를 만들고, 이를 다시 람다 박테리오파지를 써서 바이러스에 이식했어요.(**박테리오파지는 박테리아를 숙주로 하는 바이러스를 말합니다. 람다 박테리오파지는 대장균을 숙주세포로 하는 바이러스로 감염성이 크고 유전체 크기가 작아 생명과학 연구에 많이 쓰여요.**) 그리고 급성 NANB 간염에 걸린 환자의 혈청을 이 바이러스에 노출시켜 반응을 조사했지요. 이 환자의 혈청에는 NANB형 바이러스에 대한 항체가 있을 것으로 가정하고, 이 바이러스를 감지하는 연구에 활용한 것이지요. NANB형 간염 환자의 혈청과의 반응을 기준으로 바이러스의 단백질을 부호화한 DNA 조각, 즉 상보적 DNA의 복제본을 분류했어요.

연구진은 100만 개의 박테리아 집단을 검사했고, 이 가운데서 침팬지나 사람의 DNA 염기서열을 포함하지 않은 박테리아 집단 하나를 발견했어요. 백만 개 중 하나였어요. 이 하나가 바로 연구진들이 찾던, NANB형 간염바이러스의 특징을 보여줄 증거였지요. 만성간염 환자 몸속에 항체가 있다는 사실은 이 바이러스가 바로 문제의 정체불명 간염을 일으키는 원인이라는 사실을 시사하는 것이죠.

'클론 5-1-1'이란 이름이 붙은 이 서열은 핵산 1만 개로 구성된 RNA로 합성되었어요. 이 RNA는 '오픈 리딩 프레임(ORF, open reading frame)'을 대규모로 부호화했고, 기존에 알려진 다른 RNA 바이러스와는 상동 관계가 멀었어요. ORF는 전령RNA(mRNA)로 전사되어 단백질이 될 가능성이 있는 염기서열을 의미해요.

이 RNA 분자로부터 단백질이 합성되었고, 이는 이 바이러스가 양성 ++RNA 유전체를 갖고 있음을 뜻하는 것이죠. NANB형 간염 환자의 혈청에 반응한 상보적 DNA 복제본은 플라비바이러스(flavivirus)군에 속하는 새로운 RNA 바이러스에서 유래한 것으로 밝혀졌어요. 이로써 이 바이러스를 분류할 수 있게 되었어요. NANB라는 꼬리표를 떼고 비로소 'C형 간염바이러스'라는 이름을 얻게 된 것이지요. 올터가 간염을 일으키는 또 다른 바이러스의 존재를 제시한 지 14년 만의 일이에요.

이후 호턴은 C형 간염바이러스로 인해 생긴 항체를 감지하는 방법을 개발했어요. 그리고 이 항체가 C형 간염을 10명에게 옮긴 헌혈자의 몸 안과 이탈리아, 일본, 미국 등 세계 각국의 NANB형 간염 환자의 몸속에 있음을 입증했어요. 이로써 새로 발견된 C형 간염바이러스가 NANB형 간염과 밀접한 관련이 있음을 확인했어요.

라이스, 마지막 퍼즐 조각을 맞추다!

이제 우리는 마침내 C형 간염바이러스를 '발견'했어요. 하지만 아직 한 가지 중요한 부분이 해결되지 않은 채로 남아 있었어요. 이 바이러스가 과연 독자적으로 C형 간염을 일으킬 수 있느냐 하는 것이었지요. 수혈 등을 통해 감염된 혈액에 노출됨으로써 이 병이 전염된다고 하더라도, 그 외에 다른 어떤 핵심 요소가 동반되어야만 감염되는 것일 수도 있다는 가능성을 배제할 수는 없으니까요. 혹시 다른 조건이 함께 충족되어야 간염을 일으키는 것은 아닐까요? 그렇다면 C형 간염에 대응하는 방법 역시 달라져야지요.

독일 세균학자 로베르트 코흐는 어떤 감염원이 특정 감염병의 원인이라고 확정하는 필요조건을 다음과 같이 정리했어요. ①감염원이 되는 미생물은 어떤 질환을 앓고 있는 모든 생물체에서 다량 검출되어야 한다. ②이 미생물은 어떤 질환을 앓는 모든 생물체에서 순수하게 분리되어야 하며, 단독 배양이 가능해야 한다. ③분리된 감염원은 다른 건강하고 이 감염원에 면역력이 없는 생물체에 접종되었을 때 그 질병을 일으켜야 한다. ④감염원이 접종된 생물체에서 다시 분리되어야 하며, 그 감염원은 처음 발견한 것과 같아야 한다는 조건이었어요.

새로 발견된 C형 간염바이러스도 이 조건을 충족하는지 따져야 했어요. 그러려면 이 바이러스가 스스로 복제하고 병을 일으킬 수 있는지를 확인해야 해요. 만성적으로 간에 손상을 주고, 숙주의 혈액 속에 장기간 생존하는 등 C형 간염의 주요 증상을 모두 재현하는 바이러스를 분리해내야 한다는 말이지요. 라이스의 연구는 바로 이 문제를 해결했어요. 라이스는 당시 미국 세인트루이스 주 워싱턴대에서 RNA 바이러스를 연구하고 있었어요. 그는 C형 간염바이러스 RNA 유전체 끝부분에서 아직 특징이 밝혀지지 않은 부분이 있음을 발견했어요. 그 영역은 유전자 염기서열 중에서 종에 따른 차이 없이 염기서열이 같은 보존영역(conserved region)이자 단백질 서열을 부호화하지 않는 비코딩 영역(non-coding region)이었어요. 라이스는 이 부분이 바이러스 복제에 중요한 역할을 하지 않을까 생각했어요. 라이스는 이 영역을 포함한 RNA 유전체를 만들어 침팬지의 간에 주입했지요. 하지만 이 바이러스는 침팬지 혈액에서 관찰되지 않았어.

그래서 그는 다음 단계로 나아갔어요. RNA 바이러스 복제는 오류를 일으키기 쉽다고 알려져 있었지요. 또 상당수 바이러스 염기서열은 기능상실 변이를 일으킨다는 사실도 알려져 있었어요. 그는 분리된 바이러스 샘플에서 변이를 관찰했고, 이러한 변이 중 일부가 바이러스의 복제를 방해할 것이라는 가설을 세웠어요. 이러한 지식과 가설을 바탕으로 라이스 교수 연구팀은 유전자를 조작해 기능상실 변이가 일어나지 않도록 한 C형 간염바이러스의 RNA 변종을 만들었어요. 보존영역과 공통서열(consensus sequence, 유전체 및 단백질의 서열에서, 특정 기능과 관계된 부분에 모두 존재하는 서열)로 구성되고 기능소실 변이 가능성은 배제한 RNA 유전체였어요. 이 RNA를 침팬지의 간에 주입하자 혈액에서 바이러스가 감지되었고, 만성 C형 간염 환자에게서 볼 수 있는 병리학적 변화가 일어났어요. 바이러스는 감염된 침팬지의 혈액 속에서 수개월 동안 남아 있었지요. 이는 C형 간염바이러스가 혈액을 매개로 하여 단독으로 감염을 일으킬 수 있음을 최종적으로 보여주는 것이었어요. 호턴이 발견한

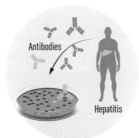

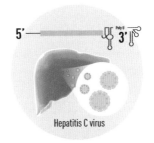

Harvey J. Alter

Michael Houghton

Charles M. Rice

노벨상 수상자 연구요약 및 수상자 공로
하비 올터 부소장과 마이클 호턴 교수는 기존의 바이러스와 다른 새로운
C형 간염 바이러스의 출현을 밝혀냈고, 찰스 라이스 교수는 이 바이러스가
독자적으로 C형 간염을 일으키는 C형 간염 바이러스임을 증명했다.

바이러스가 다른 요인의 보조 없이 단독으로 C형 간염을 유발한다는 사실을 입증했어요. 올터가 그 존재를 알리고 호턴이 정체를 규명했으며, 라이스가 실제로 병을 일으킨다는 사실을 밝힘으로써 인류는 드디어 C형 간염 바이러스에 대해 종합적으로 이해할 수 있게 된 것이에요. 1975년 올터의 논문 발표 이후 1997년 라이스의 발견까지 20년이 넘는 시간이 걸린 셈이죠.

연구의 의미와 앞으로의 과제

올터와 호턴, 라이스의 연구는 감염병에 대한 인류의 싸움에 큰 이정표가 되었어요. 이들의 연구 덕분에 바이러스 감염 여부를 판별할 수 있는 민감도 높은 혈액 검사가 가능해졌어요. 수혈 때문에 간염에 걸리는 일도 막을 수 있게 되었지요. 이제 어느 정도 의료 시스템을 갖춘 국가에서는 수혈로 인한 간염 확산을 걱정하지 않아도 될 수준에 이르렀어요.

C형 간염 치료제가 개발되어 인류가 간염 퇴치의 가능성을 보게 된

것도 이들의 연구에 힘입은 바가 매우 커요. 이제는 간염에 대한 단기간의 치료로 환자의 95%는 치료할 수 있게 되었답니다. C형 간염바이러스는 바이러스 발견에서 치료제 개발까지 불과 30년이 걸리지 않았다는 점에서 매우 성공적인 감염병 대응 사례로 평가되고 있어요.

물론 여전히 인류가 C형 간염바이러스를 완전히 극복했다고 하긴 어려운 현실이에요. 효과적 치료법이 있지만, 치료제 가격이 비싸기에 개발도상국 사람들은 치료제의 혜택을 받지 못하는 경우가 많지요.

2030년까지 C형 간염을 뿌리 뽑는다는 WHO의 목표를 이루려면 치료제뿐 아니라 백신 개발도 필요해요. 하지만 C형 간염 백신 개발은 아직 지지부진하답니다. C형 간염 바이러스는 백신 개발이 까다로운 RNA 바이러스라 더욱 어려움이 있어요. 다만 최근 코로나 19 팬데믹으로 인해 역시 RNA 바이러스인 코로나바이러스에 대한 백신 개발이 단시간에 집중적으로 이뤄지고 있고, 관련 지식이 쌓이면서 C형 간염 백신 개발도 탄력을 받지 않을까 기대해 보고 있어요.

반대로 이번 노벨상 수상자들의 연구 역시 신종 코로나바이러스 감염증을 이겨내기 위한 연구에도 도움을 주고 있어요. 호턴 교수는 C형 간염 백신 개발에 활용하던 기술을 코로나 19에 적용하기 위해 연구 중이에요. 라이스 교수도 학술지《네이처 미생물학》에 코로나바이러스 감염을 막을 수 있는 림프구 항원 연구를 발표했어요. 또 에볼라 바이러스 치료제 '렘데시비르', AIDS 치료제 '칼레트라' 등 항바이러스 치료제 개발도 C형 간염 연구에 힘입은 성과라 할 수 있어요.

함께 기억해야 할 사람들

2020년 노벨상을 받은 이들 세 사람만이 C형 간염 연구에 공헌했다고 볼 수는 없어요. 노벨상은 한 번에 3명까지만 공동 수상할 수 있기에 공로가 큼에도 상을 받지 못한 과학자가 많답니다. 독일 하이델베르그대 랄프 바르텐슐라거 교수가 대표적이에요. 그는 C형 간염 바이러스를 실험실에서 배양하고 증식하는 기술을 개발했어요. 사실 라이스가 처음 만든 바이러스 복제본은 세포주에서 복제하기 쉽지 않았어요. 이렇게 되면 실험실 환경에서 바이러스를 세포에서 배양하기 어렵고, 기초 연구나 치료제 개발을 위한 테스트에도 제약이 많이 생기게 되죠. 바르텐슐라거는 감염된 간암 세포주에서 높은 효율로 복제되는 C형 간염 바이러스 클론을 만들어 이 난관을 해결했어요. 그래서 바이러스 학계에서는 그가 이번에 노벨상을 받지 못한 것에 대해 매우 안타깝게 생각하는 분위기에요.

키론 코퍼레이션에서 호턴과 함께 연구한 두 명의 과학자, 키림 추와 조지 쿠오도 주목할만하지요. 호턴 박사는 C형 간염 바이러스에 대한 이들의 공로도 인정받아야만 한다고 오랫동안 주장해 왔어요. 추는 1984년부터 호턴의 연구실에 합류해 C형 간염 바이러스의 정체를 규명하는 연구를 함께 했지요. 쿠오는 호턴과 추에게 바이러스에 감염된 혈액 표본에서 RNA를 추출해 세균에 주입하고 증폭하면 분석 효율을 높일 수 있을 것이라 했어요. 호턴은 노벨상을 거절하는 것은 "너무 건방진 일인 것 같아" 이들 두 명이 함께 하지 못 함에도 상을 받았지요. 그는 "노벨상을 받지 못했으나 이 분야에 공로가 큰 과학자들이 최소 6명 이상이며, 이들은 반드시 합당한 인정을 받아야 한다." 고 말했어요. 쿠오 박사는 "대규모 팀 기반으로 연구가 이뤄지기에 수상자 수를 제한하는 것은 구식"이라고 했지만 "연구의 목표가 노벨상은 아니고, 많은 생명을 구할 수 있다는 것에 의미를 둔다."고 덧붙였어요.

C형 간염바이러스 발견한 공로로 노벨상을 수상한 마이클 호턴 박사와
그의 동료인 키림 추, 조지 쿠오 박사.

확인하기

2020년 노벨 생리의학상 수상자들의 업적에 관한 이야기를 잘 읽어 보셨나요? 이들은 C형 간염 바이러스의 정체를 규명, 진단 기술과 치료제 개발을 위한 기반을 닦았습니다. 그럼으로써 인류 건강에 위협이 되는 간염과의 싸움에서 승리할 수 있는 길을 여는 공로를 인정받았어요. 얼마나 잘 이해하고 있는지 살펴볼까요?

01 다음 중 2020년 노벨 생리의학상을 받은 사람의 이름을 모두 고르세요.
① 아이작 뉴턴
② 하비 올터
③ 찰스 라이스
④ 마이클 호턴

02 한 해에 C형 간염으로 사망하는 사람은 세계적으로 몇 명이나 될까요?
① 20만 명
② 30만 명
③ 40만 명
④ 50만 명

03 1960년대 환자가 수술 중 수혈을 통해 간염에 걸릴 확률은 얼마나 되었나요?
① 5%
② 10%
③ 15%
④ 20%

04 하비 올터 부소장의 공로는 무엇인가요?
① A형 간염 치료제 개발
② B형 간염 바이러스 발견
③ A형 및 B형 간염이 아닌 새로운 간염 발견
④ C형 간염 유전자 구조 규명

05 호턴 교수가 C형 간염 바이러스의 정체를 밝히기 위해 사용한 방법은 무엇일까요?
① 분자생물학
② 분류학
③ 전자공학
④ 고전바이러스학

06 라이스 교수의 업적은 무엇인지 간단하게 적어보세요.

07 C형 간염 정복을 위해 앞으로 필요한 일로 적절하지 않은 것은?
① 개발도상국 대상 감염 진단 검사 확대
② 모기 등 해충 퇴치
③ 치료제 가격 인하
④ 백신 개발

08 다음 중 간염을 예방할 수 있는 생활 습관이 아닌 것을 고르시오.

① 개인 국그릇을 쓴다.

② 술과 담배를 하지 않는다.

③ 스마트폰 화면을 너무 바짝 들여 보지 않는다 .

④ 문신은 위생이 검증된 곳에서 한다.

정답

1. ②, ③, ④
2. ③
3. ④
4. ③
5. ①
6. 졸음 끝수가 발작적인 마이크로수면 단계으로 ○형 진입을 일으킬 수 있는 갑작스러운 시상하부 탈분열.
7. ②
8. ③

2020 노벨 물리학상

- 위키피디아 www.wikipedia.org
- 노벨위원회 공식 홈페이지 www.nobelprize.org 및 보도자료
- 천문학 백과, 지식백과 등
- 《과학동아》 2020년 11월호 기사 〈질문으로 보는 2020 노벨과학상〉 중 〈물리학상 - 보이지 않는 블랙홀이 생길 수 있을까?〉
- 《어린이과학동아》 2020년 21호 기사 〈놓치지 마! 2020 노벨상〉 중 〈노벨물리학상 - 20년간 우주 뒤져 블랙홀을 찾아내다!〉
- 《동아사이언스》 2020년 10월 6일 기사 〈블랙홀의 존재 입증한 펜로즈 · 겐첼 · 게즈…올해 노벨물리학상(종합)〉
- 《연합뉴스》 2020년 10월 7일 기사 〈노벨물리학상 영국 펜로즈 교수 "샤워하다가 소식 들어"〉
- 『블랙홀』이충환, 2003, 살림.
- 『그림으로 보는 시간의 역사』스티븐 호킹, 1998, 까치글방.

2020 노벨 화학상

- 노벨위원회 홈페이지 www.nobelprize.org
- 기초과학연구원(IBS) 홈페이지 사이언스라운지 www.ib.re.kr
- 사이언스올 홈페이지 www.scienceall.com/멘델의-유전법칙-유전학의-탄생
- 두산세계대백과사전 홈페이지 www.doopedia.co.kr
- 『(DNA 혁명) 크리스퍼 유전자가위 : 생명 편집의 기술과 윤리, 적용과 규제 이슈 크리스퍼가 온다』전방욱, 이상북스.
- 『물질에서 생명으로 : 생명체의 탄생에서 DNA와 유전자가위, 신약과 바이러스까지 생명의 비밀을 찾는 생명과학 특강 10』노정혜 외 10인 공저, 반니.
- 『크리스퍼가 온다 : 진화를 지배하는 놀라운 힘, 크리스퍼 유전자가위』 제니퍼 다우드나,새뮤얼 스턴버그, 프시케의숲.
- 『김홍표의 크리스퍼 혁명 : DNA 이중나선에서부터 크리스퍼 유전자가위까지』김홍표, 동아시아.

2020 노벨 생리의학상

- 노벨위원회 홈페이지 www.nobelprize.org 및 보도자료, 수상자 업적 상세 정보
- 세계보건기구 홈페이지 간염 정보 페이지 www.who.int
- 동아사이언스 2020년 10월 5일 기사 〈노벨상 수상자들이 발견한 C형 간염바이러스는 침묵의 위협자〉
- 동아사이언스 2020년 10월 5일 기사 〈노벨생리의학상 수상자들 코로나19 등 바이러스의 전쟁 가능케 한 주역〉
- 기초과학연구원 홈페이지 〈[과학자가 본 노벨상] C형 간염 바이러스 발견으로 인류 건강에 이바지하다〉
- 중앙일보 2020년 4월 28일 기사 〈전 세계 C형 간염 퇴치 운동 시동...우리는?〉
- 매일경제 2020년 11월 16일 기사 〈C형 간염 발견한 '이름없는' 영웅들…뒷맛이 쓴 노벨상 수상자〉
- 바이오스펙테이터 2019년 11월 20일 기사 〈[남궁석의 신약연구史]A형 · C형 바이러스의 발견〉
- 《어린이과학동아》 2019년 11월호 기사 〈노벨생리의학상–산소가 부족할 때 몸속에서 어떤 일이?〉
- 《동아사이언스》 2019년 10월 8일 기사 〈[과학자가 해설하는 노벨상] 산소 감지하는 세포 '분자스위치' 암 치료 새 장 열다〉
- 《동아사이언스》 2019년 10월 7일 기사 〈노벨생리의학상 과학자들, 산소에 적응하는 세포 신비 밝혀 암치료 길 열다〉